Angela Stöger

# VON SINGENDEN MÄUSEN UND QUIETSCHENDEN ELEFANTEN

Wie Tiere kommunizieren und was wir lernen, wenn wir ihnen zuhören

Angela Stöger

# VON SINGENDEN MÄUSEN UND QUIETSCHENDEN ELEFANTEN

## Wie Tiere kommunizieren und was wir lernen, wenn wir ihnen zuhören

Brandstätter

# INHALT

**Hörprobe**

Mit den QR-Codes, die Sie in diesem Buch finden, können Sie zahlreiche Aufnahmen von Tierstimmen hören. Halten Sie dafür Ihr Smartphone mit geöffneter Kamera-App oder geöffnetem QR-Code-Scanner über den Code und folgen Sie dem Link, den Ihr Gerät anzeigt.

1

–

# ES IST ZU LAUT

## Von der Faszination, den Tieren zuzuhören

–

7

Vor dem Einschlafen liege ich wach und lausche. Wenn ich nach der langen Reise endlich im Nationalpark angekommen bin und der Großstadtlärm von Kapstadt langsam verhallt, genieße ich es, in meinem Zelt oder in meiner Hütte zu liegen und den nächtlichen Geräuschen Afrikas zu lauschen. Viele in der afrikanischen Savanne lebenden Tiere sind auch in der Nacht aktiv, vor allem Raubtiere wie Löwen oder Hyänen. Nachts ist zudem die Schallübertragung besonders gut. Ein Rascheln und Knacksen in der Nähe ist zu vernehmen und ich werde selbst ganz ruhig. Ganz still liege ich da, um gut zuhören zu können. Welches Tier war das, und wie nah ist es? Plötzlich höre ich den Laut einer Antilope und den Warnruf eines Zebras. Meine Sinne schärfen sich. Es ist aufregend, fast furchteinflößend, wenn sich dann die Hyänen mit ihrem typischen „Lachen" und ihren „Whoop"-Rufen zur Jagd formieren oder vielleicht sogar ein Löwe mit seinem tiefen, mächtigen Brüllen sein Revier akustisch markiert. Schlafen kann ich dann natürlich nicht mehr. Aber es sind Situationen wie diese, in denen ich mich wieder als Teil der Natur fühle, als Teil des großen Ganzen, das man so schnell vergisst, wenn man nachts in der Großstadt nur das Rauschen des Verkehrs vernimmt.

Ich fühle mich privilegiert, weil ich Situationen wie diese in Südafrika, in Botswana oder Nepal erleben darf. Aber ähnliche Erfahrungen können wir alle auch bei uns machen, in einem unserer Nationalparks oder einfach im nahen Wald. Oft reicht es, wenn man bei einem Spaziergang etwas abseits des Trubels aufhört zu plaudern, das Handy abschaltet, sich hinsetzt, innehält und beginnt zuzuhören.

Die Tiere bemerken natürlich unsere Anwesenheit, sie flüchten oder verharren, um nicht aufzufallen. Wenn wir aber ruhig sitzen blieben, dann wagen sich einige Tiere aus ihrer Erstarrung heraus, bewegen sich wieder, interagieren. Das Eichhörnchen huscht durch die Blätter, vielleicht sehen wir es nicht, aber wir können es hören, genauso wie den Vogel im Gebüsch oder die Maus im Laub. Die Tiere beginnen wieder ihrem natürlichen Verhalten nachzugehen. Alles, was wir dafür tun müssen, ist innezuhalten, zur Ruhe zu kommen und uns, zumindest für einen kurzen Moment, wieder als Teil der Natur verstehen.

## Und dann erwacht das Forschungsinteresse

Auf mich als Verhaltens- und Kognitionsforscherin mit einer Spezialisierung auf die Bioakustik üben Tierlaute natürlich eine besondere Faszination aus. In meiner Forschung beschäftige ich mich sowohl mit den Eigenschaften und der Entstehung der Laute als auch mit ihrer Bedeutung und Wirkung im Zusammenleben der Tiere.

Die Art und Weise, wie Tiere miteinander kommunizieren, ermöglicht uns einen Einblick in ihre Lebensweise, in ihr Denkvermögen, in ihre Gefühlswelt.

Die Bioakustik ist eine derzeit aufstrebende Forschungsdisziplin, aber wir sind noch weit davon entfernt zu verstehen, was Tiere wirklich „sagen". Zwar ist sich die Wissenschaft darüber einig: Tiere kreischen, bellen, schnattern und quieken nicht zufällig. Sie verständigen sich auch nicht einfach nur durch ein rein instinktives Ruf-Antwort-Muster. Doch wie und warum kommunizieren sie dann? Welche Informationen transportieren sie in ihren Lauten? Welche Arten von Sprachen sprechen sie, und was macht aus Lauten überhaupt eine Sprache?

## Wir bemerken zuerst die „Laut-Auffälligen"

Es mag überraschen, aber von vielen Tieren, selbst von sonst gut erforschten Vögel- und Säugetierarten, kennen wir noch nicht einmal das gesamte Lautrepertoire. Der Fokus der Forschung lag bisher auf jenen Arten, die leicht zugänglich waren – oder besonders auffällig. Oft beschränkt sich unser Wissen auch nur auf eine Art einer ganzen Tierfamilie oder Ordnung. Manchmal wissen wir nur über einen speziellen Lauttyp einer Tierart genauer Bescheid.

Die Erforschung des akustischen Verhaltens von Elefanten etwa läuft seit vierzig Jahren, allerdings mit einem sehr starken Fokus auf den Afrikanischen Savannenelefanten. Der Großteil der Forschung beschäftigt sich mit ihren tieffrequenten Lauten, den „Rumbles", mit denen die Tiere in ihren weitläufigen Lebensräumen miteinander in Kontakt bleiben. Über die Laute der Afrikanischen Waldelefanten und der Asiatischen Elefanten hingegen wissen wir noch sehr wenig. Das hat einen einfachen Grund: Elefanten sind zwar aufgrund ihrer Größe und ihrer Lebensweise prinzipiell eine eher schwierig zu erforschende Tierart, aber Savannenelefanten sind dabei einfacher zu beobachten als ihre Artgenossen, die in einem dichten, unzugänglichen Regenwald im Kongo oder in Indien leben. Wie Asiatische Elefanten ihre besonders hochfrequenten Quietschlaute produzieren, die eher an ein Meerschweinchen als an einen vier Tonnen schweren Dickhäuter erinnern, konnten mein Team und ich tatsächlich erst vor Kurzem herausfinden, dazu mehr im nächsten Kapitel.

Die Bioakustik ist in hohem Maß auf die Technik angewiesen. Für unsere Forschungen benötigen wir hochsensible Mikrofone, Rekorder, Kameras, Speichermedien und leistungsstarke Rechner sowie geeignete Analyseprogramme. Der technologische Fortschritt der letzten Jahrzehnte ermöglicht es uns heute,

Fragestellungen zu bearbeiten, die vor zwanzig Jahren unlösbar gewesen wären. Dazu gehören zum Beispiel die vielen Tierlaute, die außerhalb unseres menschlichen Wahrnehmungs- beziehungsweise Hörvermögens liegen und die wir nun dank neuer Technologien problemlos aufnehmen und analysieren können.

Manchmal profitieren wir Forschenden sogar von den sozialen Medien. Snowball, ein tanzender Kakadu, wurde vor einigen Jahren zur Youtube-Berühmtheit und zog mit seinem erstaunlichen Rhythmusgefühl die Aufmerksamkeit von Aniruddh D. Patel und John R. Iversen vom kalifornischen Neurosciences Institute auf sich.

**Video**

Hier können Sie Snowball, dem Gelbhaubenkakadu, bei einer rockigen Tanzeinlage zusehen

Bis zu diesem Zeitpunkt dachte man, dass die Fähigkeit, sich im Takt zur Musik zu bewegen, eine rein menschliche wäre. Doch das war eine Fehlannahme – wie es so oft mit rein menschlich gedachten Fähigkeiten der Fall ist.

Der Gelbhaubenkakadu begeistert mit seinen rhythmischen „Moves“ zu „Another One Bites the Dust“ der britischen Rockband Queen nicht nur die Youtube-Fans, sondern auch die Wissenschafts-Community und wurde zum Star einiger Publikationen in angesehenen wissenschaftlichen Journalen.

Das Rhythmusgefühl ist eine Form der akustischen Informationsverarbeitung. Gehörtes wird verarbeitet und in motorische Aktion, sprich Bewegungen, umgewandelt. Ähnliches passiert beim Nachsprechen oder Nachahmen, dem akustischen Imitieren. Auch dabei wird Gehörtes in Bewegungen – und zwar in Artikulationsbewegungen – übersetzt. Papageien sind hervorragende Imitatoren der menschlichen Sprache. Sie plappern, singen und grölen – je nachdem, was sie von ihren Besitzern zu hören bekommen. Das wirft die Frage auf: Inwieweit sind diese beiden Eigenschaften – akustische Imitation und Rhythmusgefühl – tatsächlich miteinander verknüpft?

## Perspektivenwechsel: Der Mensch ist einzigartig, aber andere Tiere sind das auch

Snowball und Papageien generell sind ein gutes Beispiel dafür, dass wir Menschen nicht als einziges Lebewesen in der Lage sind, Laute zu imitieren. Diese Fähigkeit wird „vokales Lernen" genannt und ist bei Menschen eine der essenziellen Voraussetzungen für den Spracherwerb. Dass aber auch Tiere zu vokalem Lernen fähig sind, ist in erster Linie bei den bereits genannten Papageien und Singvögeln nachgewiesen. Welche Säugetiere darüber hinaus zu dieser Art des Lernens imstande sind, versuchen wir gerade herauszufinden – oder welche Tiere es besser können und welche weniger gut.

Schwertwale etwa haben Familiendialekte, die durch Nachahmung von den Jungtieren erlernt werden. Bei Buckelwalen wiederum gibt es saisonale Gesänge, die sich weiterverbreiten. Es existiert ein Asiatischer Elefant, der tatsächlich einige Wörter auf Koreanisch „spricht" – dazu im dritten Kapitel mehr –, und es gab Hoover, einen Seehund, der einzelne englische Wörter imitieren konnte. Ohne Zweifel: Die Imitation der menschlichen Sprache ist so etwas wie die „Königsdisziplin" im Tierreich. Man geht aber heute davon aus, dass wohl mehr Arten zum vokalen Lernen in verschiedenen Formen fähig sind, als bisher gedacht.

Völlig überraschend haben im Jahr 2012 Forscher der Duke University in Durham, USA bei Mäusen festgestellt, dass sie über die neuronalen Voraussetzungen verfügen, um akustische Information zu imitieren, diese schnell zu verarbeiten und zu antworten. Ob und wie sie diese Fähigkeit tatsächlich einsetzen, wird noch genauer

Der Seehund Hoover, der von 1971 bis 1985 im New England Aquarium in Boston lebte, ahmte auf verblüffende Weise die menschliche Sprache nach

erforscht. Aber belegt ist bereits, dass der Mäuserich, wenn er ein Weibchen umwirbt, einen für den Menschen unhörbaren Gesang im Ultraschallbereich anstimmt – und er scheint von singenden Kontrahenten zu lernen. Braunmäuse gehen sogar „Singduelle“ mit anderen Männchen ein, die einem menschlichen Dialog ähneln. Sie lassen ihren Kontrahenten immer fertig singen – pflegen also eine ordentliche „Gesprächskultur“.

Mit solchen faszinierenden Erkenntnissen der bioakustischen Forschung verschiebt sich unsere

Perspektive: Die menschliche Sprache ist natürlich speziell und in ihrer Art und Komplexität einzigartig. Je mehr wir aber forschen, desto mehr erkennen wir, dass wir viele der grundlegenden Voraussetzungen für das Erlernen der Sprache mit den Tieren teilen, und zwar durchaus auch Arten wie Mäusen und Elefanten, die aus evolutionsbiologischer Sicht weit von uns entfernt sind.

Die Evolution der Sprache ist eine der größten Wissenschaftsfragen unserer Zeit. Wie und warum hat der Mensch die Sprache als ultimatives Kommunikationsmittel entwickelt? Welche Veränderung, welche Anpassungen – von der Anatomie bis hin zu neuronalen Prozessen und Verbindungen – waren nötig, um die Sprache zu entwickeln?

Der Sprachursprung als Zeitraum, in dem der Mensch lernte, sich sprachlich zu artikulieren, lässt sich nicht datieren. Wir können auch keine Fossilien von Stimmbändern oder den Knorpeln des Kehlkopfes nach Hinweisen auf die Sprachentwicklung untersuchen, da solche Weichteile nicht in versteinerter Form überliefert sind. Wir wissen aber, dass Sprechen eine kognitive Höchstleistung ist, bei der wir Gehörtes verarbeiten, verstehen, uns eine Antwort überlegen und diese formulieren müssen – und das alles in zeitlich sehr kurzen Abfolgen.

Um mehr über die Entstehung der Sprache herauszufinden, verknüpft sich die Bioakustik mit der

Biolinguistik und verfolgt einen Forschungsansatz, der beide Disziplinen umfasst. Basierend auf den Vorarbeiten des Linguisten Noam Chomsky wird die Sprache als biologische Eigenschaft von Lebewesen begriffen.

Die fundamentale Frage ist nun: Welche Aspekte von Sprache kommen ausschließlich beim Menschen vor – und welche Merkmale finden wir auch bei Tieren? Könnten Tiere, die in ähnlichen Sozialgefügen wie Menschen leben – beispielsweise Wale oder Elefanten –, einem ähnlichen Selektionsdruck unterworfen worden sein und dadurch eine gut entwickelte Kommunikation hervorgebracht haben? Diese Gemeinsamkeiten oder Unterschiede können wir empirisch untersuchen und dadurch tatsächlich viel über die Evolution der menschlichen Sprache erfahren.

## Lärm im Meer: Im Wasser ist der Schall noch schneller

Wale und Delfine haben auf mich schon immer eine besondere Anziehungskraft ausgeübt. Natürlich hatte ich wie viele Kinder Tiere gern, aber ich habe früh begonnen, mich besonders für Meeressäugetiere zu interessieren. Die Eleganz, mit der diese riesigen Tiere durchs Wasser gleiten, die speziellen Anpassungen an den Lebensraum Meer, an das Leben im und unter Wasser und natürlich ihre Kommunikation haben mich fasziniert. Ich finde, Wallaute klingen ganz speziell, es ist ein sehr klarer und harmonischer Klang in den wunderschönen Gesängen der Buckelwale. Mit zehn Jahren konnte ich sämtliche wissenschaftliche Walnamen auswendig, darunter *Orcinus orca* für den Schwertwal, *Megaptera novaeangliae* für den Buckelwal oder *Physeter macrocephalus* für den Pottwal.

**Hörprobe**

Die lang gezogenen Laute der Buckelwale ergeben eine auch für menschliche Ohren faszinierende Melodie

Als ich dann im Jahr 1996 zu studieren begann, war das Thema Lärm im Meer bereits sehr präsent. Das Bewusstsein für die Probleme stieg, die etwa der Schiffslärm verursacht, genauso wie Militärsonare, die Schall mit bis zu 230 Dezibel aussenden, Hochseefischen mit Dynamit, indem Fischschwärme durch Explosionen betäubt werden, oder Druckluftkanonen, um Erdölvorkommen im Meeresboden ausfindig zu machen. Wie beeinflusst dieser Schall die Säugetiere im Meer?

Wir wissen mittlerweile, dass das Gehör von Walen durch Lärm nachhaltig beschädigt werden kann. Im Gegensatz zu Fischen, bei denen sich die für die Wahrnehmung wichtigen Sinneszellen, die Haarzellen im Innenohr, wieder regenerieren und nachbilden können, ist das bei Säugern nicht möglich. Einmal abgestorbene Haarzellen können nicht mehr ersetzt werden. Der Lärm beeinträchtigt darüber hinaus die Orientierung der Meeresriesen und wird auch mit den zunehmenden Fällen von Walstrandungen in Verbindung gebracht.

Störlärm verbreitet sich unter Wasser extrem gut, denn die Schallübertragung im Meer ist schneller und weitreichender als an Land – je dichter das Medium, desto höher die Schallgeschwindigkeit. Als Studentin fand ich die Auswirkungen, die dieser Lärm auf das Leben und die Kommunikation der Wale im Meer hat, faszinierend und beängstigend zugleich. So beschloss ich, mich auf die Bioakustik zu konzentrieren.

## Die Faszination der Lautproduktion jenseits der „Stimme“

Während des Studiums lernte ich die Kommunikation zahlreicher Tierarten kennen. Mir wurde bewusst, dass die Kreativität der Natur keine Grenzen kennt. Die ausgeklügelten Mechanismen und die Diversität, mit der im Tierreich kommuniziert wird, beeindruckten mich. Selbst bei den Insekten findet man hoch entwickelte Lautapparate.

Wohl kaum ein Geräusch prägt die Klangkulisse am Stadtrand im Frühling so sehr wie der – manchmal durchaus etwas penetrante – „Gesang" der Feldgrille. Wie für Langfühlerschrecken typisch, reibt die männliche Feldgrille dabei ihre Vorderflügel aneinander, die spezialisierte Strukturen aufweisen. Die Schrillleiste des rechten Flügels streicht über die Schrillkante des linken Flügels, um das typische Zirpen zu produzieren. Diesen Vorgang nennt man Stridulation. Wobei die Feldgrille sogar über mehrere Gesangsformen verfügt: einen an die Weibchen gerichteten Lock- und Werbegesang und – wie könnte es unter Männchen anders sein – einen Rivalengesang. Hören kann die Grille übrigens mit den Füßen, denn ihre Hörorgane befinden sich an den Vorderbeinen.

**Hörprobe**

Während der Paarungszeit knurren die Männchen des Zwerguramis, eines Knochenfisches, besonderes laut

Der Knurrende Zwerggurami lebt im südostasiatischen Raum und überrascht durch ungewöhnliche Laute

Eine überraschend lautaktive Tiergruppe sind auch die Knochenfische, die ich besonders genau kennenlernen durfte, weil Professor Kratochvil, mein Doktorvater, darauf spezialisiert ist. Fische haben keine Stimmbänder, sondern produzieren Laute unter anderem mithilfe der Schwimmblase mittels sogenannter Trommelmuskeln, die sehr unterschiedlich aufgebaut sein können. Der aus Südostasien stammende Knurrende Gurami gibt zum Beispiel Laute von sich, die mithilfe von Muskulatur und Strahlen der Brustflossen samt den dazugehörigen Sehnen erzeugt werden. Besonders laut „knurren" die Zwerggurami-Männchen während der Paarungszeit, wenn sie ihr Revier gegen Rivalen verteidigen.

Von der Heuschrecke bis zum Rothirsch oder dem Elefanten: Revierverteidigung, Abschreckung von Rivalen über Rufe, die zeigen, wie stark, fit und kampfbereit man selbst ist, sowie das Anlocken von Partnern findet man als akustisches Verhalten bei so gut wie allen Tiergruppen. Das mächtige Röhren eines dominanten Rothirsches in der Brunft oder das tiefe, pulsierende „Rumbeln" eines sechs Tonnen schweren Elefantenbullen in der sogenannten „Musth" – einem Zustand erhöhter Kampf- und Paarungsbereitschaft, der durch ein erhöhtes Testosteronlevel ähnlich der Brunft verursacht wird – beeindruckt Weibchen und warnt Rivalen. Bei Säugetieren gilt in der Regel: je tiefer die Stimme, desto attraktiver das Männchen. Das trifft auch auf Menschen zu: Forscher der Pennsylvania State University konnten nachweisen, dass auch Männer mit einer tiefen Stimme auf Frauen anziehend und auf andere Männer einschüchternd wirken.

## Gehört werden – oder wie ein Lebewesen in seine Umwelt eingebettet ist

Die Größe eines Tieres, der hormonelle oder emotionale Zustand, all das beeinflusst die Eigenschaften der Stimme und den ausgestoßenen Laut – und beeinflusst damit auch den Empfänger. Um das Kommunikationssystem einer Tierart wirklich verstehen zu können, muss ich in meiner Forschung jeden einzelnen Aspekt berücksichtigen. Ich muss mich mit der Anatomie und Funktionsweise der schallproduzierenden Strukturen und Organe beschäftigen, mit allen internen Faktoren, die die Struktur des Lautes beeinflussen können, also das Alter und das Geschlecht des Tieres kennen, seinen hormonellen oder emotionalen Zustand beachten sowie auch gewisse kognitive Fähigkeiten, mit deren Hilfe das Tier die Lautstruktur modifizieren kann. Dank der Spektralanalyse, mit der sich dieses Spektrum von Frequenzen untersuchen lässt, kann ich dann herausfinden, welche Informationen über das Tier, über das lautgebende Individuum selbst in der akustischen Struktur des Lautes kodiert sind. Verlässt der Laut das Maul, den Schnabel oder den Mund, so wird er sofort durch die Umwelt verändert und mit zunehmender Entfernung abgeschwächt. Physikalische Mechanismen wie Schallreflexion oder Absorption wirken auf den Laut ein, atmosphärische und klimatische Bedingungen haben aber ebenso einen Einfluss wie der Lebensraum, das sogenannte Habitat, an sich. In der Savanne ist die Schallübertragung eine völlig andere als im dichten Regenwald.

Und was passiert dann, wenn der Laut mit all diesen Veränderungen von einem Artgenossen wahrgenommen wird? Die Antwort scheint simpel: Das Tier muss ihn hören, die Information verarbeiten und darauf reagieren. Kommunikation benötigt immer einen Sender und zumindest einen Empfänger. Es ist eine Interaktion zweier Lebewesen, und jedes beeinflusst das Verhalten des anderen. Aber wie wird der Empfänger reagieren? Es ist genau diese Reaktion, die ein ganz entscheidender Aspekt in der Kommunikation ist. Denn diese Reaktion wirkt als Feedback zurück auf den Sender. Ist ein Paarungsruf etwa besonders attraktiv und zeigt an, wie stark und groß das Männchen ist, wird das Weibchen sich eher dazu entschließen, sich anzunähern, als bei einem Paarungsruf, der gewisse Schwächen aufweist, salopp gesagt also weniger sexy ist. Die Lautproduktion ist nämlich sehr energieaufwendig. Wenn Männchen in der Paarungszeit oft und kontinuierlich Rufe produzieren, gelingt es nur den Stärksten, eine gewisse Lautstärke und Energie in der Stimme aufrechtzuerhalten. Evolutionär haben derartige Fähigkeiten einen gewaltigen Einfluss auf den Sender, in unserem Fall auf das Männchen, weil sich die Eigenschaften der erfolgreichen Individuen häufiger fortpflanzen als jene der unterlegenen.

Als Bioakustikerin sitze ich demnach nicht „nur" mit meinem Mikrofon im Wald oder in der Savanne, am Tümpel oder vor einem Erdloch und warte mehr oder weniger geduldig darauf, dass ein Tier vokalisiert, sondern ich arbeite mit sehr diversen und vielfältigen Methoden – im Labor genauso wie im Freiland. Ich untersuche die Anatomie und Morphologie der schallproduzierenden

Organe, ich sammle Kotproben für Hormonanalysen, verbringe viel Zeit vor dem Rechner, um die Struktur von Lauten zu analysieren, und tüftle an Experimenten, um Hypothesen zu verifizieren.

Ich beschäftige mich aber auch mit dem Hörvermögen der Tiere. Zur Bestätigung, dass etwa ein gerade entspannt fressender Elefant einen interessanten Laut wahrgenommen hat, muss er innehalten und die Ohren leicht abspreizen. Nur unter Einbeziehung dieser Beobachtung kann ich bei Experimenten auch wirklich feststellen, ob die Tiere ein Geräusch wahrgenommen haben oder nicht. Erkenntnisse darüber, wie und was Tiere hören, in welchen Frequenzbereichen sie besonders sensibel sind, sind derzeit wichtiger denn je, wenn wir verstehen wollen, welcher Lärm welche Tiere stört. Denn wir Menschen verpesten die Umwelt mit Lärm. Er ist eines der universellen Umweltprobleme – an Land wie auch im Wasser.

## Grenzenloser Schall macht Stress

Lärm hört nicht an der Grenze zu einem Nationalpark auf. Da helfen auch keine Schallschutzmauern. Durch sie wäre vielmehr die Grenzmobilität, auf die viele Tiere angewiesen sind, eingeschränkt. Manche Frequenzen des menschengemachten Lärms – vor allem die tiefen

– haben eine riesige Reichweite, Verkehrslärm ist zum Beispiel sehr tieffrequent. Windparks zur Stromerzeugung produzieren auch Infraschall, jene Schallanteile des Frequenzspektrums, die für uns Menschen zu tief sind, dass wir sie hören. Welche Tiere diesen tieffrequenten Störlärm wahrnehmen und ob es ihre Leben beeinflusst, wissen wir noch nicht mit Sicherheit.

Tiere gewöhnen sich natürlich an Lärm, genauso wie Menschen. Es sei denn, es handelt sich um eine Lautstärke, die schädigt oder stört, dann versuchen sie ihr Verhalten anzupassen oder wandern ab, wenn dies möglich ist. Aber selbst wenn „nur" lärmende Menschen durch den Wald gehen, kann das sehr schädlich sein und Stress bei den Tieren erzeugen. Besonders im Winter, wenn die Tiere mit ihrem Energievorrat gut haushalten müssen oder in Winterruhe sind.

## Tembo spüren und die Technik

Um solche Auswirkungen zu ermessen, hilft uns heute laufend weiterentwickeltes technisches Equipment. Die Mikrofone werden handlicher, die Computer leistungsfähiger. Wir arbeiten viel mit Elefanten, deren tiefste Frequenzanteile im Infraschallbereich unter zwanzig Hertz liegen, so tief, dass ich sie als Mensch nicht wahrnehmen kann. Diese Rumble-Laute haben aber auch Schallanteile im für uns Menschen hörbaren Bereich – man kann sie aber nur wahrnehmen, wenn man sich in unmittelbarer Nähe zum Elefanten befindet. Das liegt daran, dass diese höheren Frequenzen bei der Schallübertragung relativ schnell abgeschwächt werden. Stehe ich aber neben einem „rumbelnden" Elefanten, kann ich sogar die tiefen Frequenzen wahrnehmen. Ich kann sie natürlich immer noch nicht hören, aber ich kann die Schwingungen mit meinem Körper fühlen.

Diese besondere Erfahrung durfte ich 2014 in Südafrika machen, bei Elefanten, die in menschlicher Obhut gehalten werden. Unter diesen Elefanten befand sich Tembo, ein vierunddreißigjähriger Bulle, 3,4 Meter Schulterhöhe, etwa sechstausend Kilogramm schwer – ein mächtiges Tier. Tembo war ein sogenannter Problemelefant, er war häufig aus dem Nationalpark ausgebrochen und hatte Bauern belästig, weil er eine Vorliebe für Zuckerrüben und Orangen entwickelt hatte. Um ihn vor einem Abschuss zu bewahren, hatte man begonnen, ihn zu trainieren. Heute ist er ein Botschafter seiner Art, um auf die Probleme im Zusammenleben zwischen Wildtieren und Menschen aufmerksam zu machen.

Zum Zeitpunkt meines damaligen Besuchs hatte ich mich schon einige Jahre mit Elefanten beschäftigt und war vor Ort, um Tonaufnahmen zu machen. Als ich mit Tembos Pfleger und meinem langjährigen Kollegen

Forschungsbesprechung im Nationalpark in Südafrika

Anton Baotic am Gelände stand und wir das Projekt besprachen, beschloss Tembo, sich uns aus der Nähe anzusehen. Er kam auf uns zu, weil er seinen Pfleger erkannt hatte. Tembo blieb etwa einen Meter vor uns stehen – es war ein beeindruckendes Gefühl, diesem wunderschönen Elefanten so nahe zu sein, ohne Barriere zwischen uns. Der Pfleger tätschelte ihn zur Begrüßung am Bein und Tembo öffnete das Maul und antwortete mit einem mächtigen Rumble-Laut. Ich konnte den Laut spüren – ich konnte ihn auch hören, weil wir so nahe waren –, aber vor allem habe ich ihn gespürt. Berührt man einen Elefanten während der Lautäußerung, so spürt man die Vibrationen am ganzen Körper des Tieres. Der tiefe Schall geht durch seinen Körper und den eigenen hindurch.

Es sind Erlebnisse wie diese, die meine Faszination für die Welt der Laute immer wieder erneuern, weil mir die Bioakustik auf einzigartige Weise aufzeigt, wie viel der menschlichen Wahrnehmung normalerweise entgeht.

## Wer nicht hören kann, muss hören wollen

Wenn auch nicht unbedingt Auge in Auge mit einem tonnenschweren Elefantenbullen: Wir müssen uns immer wieder konkret vor Augen führen, dass unser menschliches Wahrnehmungsspektrum bei Weitem nicht alles abdeckt. Diese Vorstellung fällt uns manchmal schwer, wir vergessen im alltäglichen Leben darauf. Irgendwann werde ich mit einem Ultraschall-Mikrofon in meinen Hasenstall gehen, um herauszufinden, wie viele Mäuse da drinnen leben. Ab und zu sehe ich natürlich eine vorbeihuschen, aber ich höre sie nicht. Dabei werden diese Mäuse selbstverständlich miteinander kommunizieren, quietschen, vielleicht singen die Männchen sogar den Weibchen einen Werbegesang. Das alles bleibt mir aber verborgen, weil ich es, zumindest akustisch, nicht wahrnehmen kann.

Einerseits bleiben uns Laute also aufgrund unserer Anatomie verborgen, aufgrund physikalischer Gegebenheiten, die unsere Wahrnehmung einschränken. Andererseits bleiben uns Laute verborgen – und nun sitzen wir wieder still im Wald und lauschen –, weil uns das Bewusstsein dafür fehlt oder weil wir ihnen keine Aufmerksamkeit schenken. Wenn wir aber genau hinhören und uns bewusst sind, dass Kommunikation und Interaktion immer und überall stattfinden und dass dafür Intelligenz und Bewusstsein die Voraussetzung sind – können wir dann genau diese Eigenschaften vielen Tieren immer noch absprechen?

Primaten warnen einander vor speziellen Feinden. Der Laut eines Schweines in Panik hat die gleichen akustischen Merkmale wie der eines panischen Menschen. Die Mutterkuh ruft verzweifelt nach ihrem Kalb, wenn sie getrennt werden, manchmal stundenlang. Ich glaube, je mehr Menschen besser über das Leben der Tiere Bescheid wissen, desto eher sind sie bereit zu erkennen, dass wir auf dieser Welt vielleicht doch nicht alles tun und lassen sollten, wie es uns passt.

Unser Vermögen, die Tiere näher und umfassender zu verstehen, liegt also nicht nur an der Ausweitung unserer technischen Möglichkeiten, sondern auch an unserer Haltung ihnen gegenüber, an unserer Bereitschaft den Tieren zuzuhören. Wie uns dieses Zuhören gelingen und welche Welten es uns erschließen kann, darin tauchen wir in diesem Buch ein.

2

# SO ÄHNLICH, SO FREMD I

## Von den vielen Bandbreiten innerhalb eines großen Spektrums

Es war im südlichen Teil des Addo Elephant National Park, der sich in Südafrika in der Nähe von Port Elizabeth befindet, in jenem Gebiet von Addo, in dem vorwiegend die Elefantenbullen zu finden sind. Ich war eigentlich schon auf dem Heimweg nach einem langen Arbeitstag im Park. Aber ich liebe diese besondere Strecke, den Ngulube-Rundweg mit seiner einzigartigen Vegetation, dem dichten „Spekboom“, einer sukkulenten Pflanze, die von den Elefanten besonders gerne gefressen wird. Die Route führt durch ein großes Tal mit Grasebenen, auf denen Antilopen weiden, und gegen Ende hat man einen tollen Fernblick auf die hellen Sanddünen der Algoa Bay, den marinen Teil des Addo-Nationalparks. In der Mitte liegt eine wunderschöne Wasserstelle, an die verschiedene Savannentiere zum Trinken kommen, an diesem Tag auch eine Gruppe von Elefanten.

## Am Wasserloch

Ich stand in einiger Entfernung, um die Tiere zu beobachten. Es war eine ruhige Szene – bis auf einen kleinen Jungbullen, vielleicht eineinhalb Jahre alt. Er hatte es auf ein Warzenschwein abgesehen: Obwohl für beide genug Platz zum Trinken gewesen wäre, hatte er nichts Besseres zu tun, als das Schwein vom Ufer wegzuscheuchen. Er spreizte die Ohren ab, um sich groß zu machen, lief auf das Schwein zu, schleuderte den Rüssel nach ihm, um es zu erschrecken.

Doch auch das Warzenschwein ließ nicht locker, eine Viertelstunde lang versuchte es immer wieder, ans Wasser zu gelangen. Offenbar war es durstig nach dem warmen Tag. Bis der kleine Elefant dann tatsächlich Wasser in seinen Rüssel sog und das Schwein damit anspritzte – eine Szene wie aus einem Zeichentrickfilm inmitten dieser Idylle.

Elefanten setzen ihren Rüssel als universelles Greifinstrument ein. Aber bis einem Elefantenjungen so etwas gelingt, braucht es einiges an Übung. So ein Muskelschlauch muss erst einmal bedient werden! So wie Babys und Kinder das Greifen erlernen, müssen Elefantenkälber lernen, dieses Anhängsel in ihrem Gesicht zu koordinieren, es erst im Spiel, dann im Leben einzusetzen. Wenn sie ganz klein sind, versuchen sie vielleicht minutenlang eine Karotte zu greifen oder ein Büschel Gras abzurupfen. Als Erwachsene werden sie fähig sein, eine Münze oder Erdnuss mit der Rüsselspitze aufzuheben, oder Nahrung, die schwer zu greifen ist, aufzusaugen.

Die Entwicklung des Rüssels begann bei Elefanten früh in der Stammesgeschichte; sie scheint verbunden zu sein mit der zunehmenden Körpergröße, der Verkürzung des Nackens und der damit einhergehenden relativ hohen Lage des Schädels. Es könnte sein, dass der Rüssel ursprünglich zur Überbrückung der Distanz zwischen Kopf und Boden entstanden ist.

Zumindest für einen Tag hätte ich wahnsinnig gern auch so einen Elefantenrüssel, nur um zu erleben, was dieses Multifunktionsorgan alles kann. Wir Menschen haben zwar unsere Zunge, die ähnlich diesem Muskelschlauch funktioniert, aber der Rüssel – eine Verschmelzung von Oberlippe und Nase – ist schon sehr speziell: Rund 40.000 Muskeln befinden sich geschätzt in ihm, schraubenartige, längs und quer verlaufende Stränge, die eine stabile Struktur bilden und enorme Beweglichkeit ermöglichen. Zum Vergleich: Der gesamte menschliche Körper besteht aus gerade einmal rund 650 Muskeln.

Nicht nur in puncto Anatomie ist der Rüssel besonders. Auch in seiner Vielseitigkeit ist er ein Superorgan. Er ist – nach aktuellem Forschungsstand – das beste Geruchsorgan im ganzen Tierreich, besser als die Nase jedes Spürhundes. Elefanten nehmen damit Gerüche aus nah und fern auf, die Witterung aus der Luft. Sie trinken oder verteidigen sich damit. Sie reiben sich mit dem Rüssel die Augen, wenn sie müde sind oder Sand im Auge haben. Er ist ein fantastisches Organ, das viele Sinne in sich vereint.

Der Rüssel ist darüber hinaus ein mächtiger Greifarm, mit dem Elefanten im einen Moment

Baumstämme aufheben können, in anderen Situationen tasten sie aber sehr feinfühlig damit. Elefantenmütter „lenken" ihre Kinder sanft mit dem Rüssel und streicheln sie damit. Wenn die Riesen schlafen oder sich begrüßen, umarmen sie einander mit ihren Rüsseln – und das ist dann nicht nur ein taktiles Signal: Sie nehmen auf diese Weise auch Gerüche und Pheromone ihrer Artgenossen auf, etwa nahe der Schläfendrüsen, die bei Aufregung ein Sekret absondern.

Und natürlich wird der Rüssel auch eingesetzt, um Laute zu produzieren – auch wenn das, evolutionär gesehen, nicht seine vorrangige Funktion gewesen sein mag. Aber er eignet sich hervorragend dafür.

## Der Kehlkopf und andere Instrumente: Wie entsteht ein Laut beim Säuger?

Der Laut, den jeder sofort mit Elefanten verbindet, ist natürlich das Trompeten. Nicht nur Elefanten, sondern Tiere neigen generell dazu, ihre Organe, ob Sinnesorgane oder Gliedmaßen, auch von ihrer eigentlichen Funktion abweichend zu nutzen. Es ergibt – auch entwicklungsgeschichtlich – durchaus Sinn, die vorhandenen Möglichkeiten auszuschöpfen.

Elefanten haben hier mit ihrem Rüssel besonderes Glück: Der Muskelschlauch bietet einen großen

Resonanzraum, der sich hervorragend dafür eignet, sehr intensive, tiefe Laute zu erzeugen. Resonanzräume des Körpers sind die Lautsprecher der Stimme. Diese Hohlräume geben dem Geräusch, das von den Stimmbändern produziert wird, erst das Volumen und den Klang, den man dann schließlich wahrnimmt. Mund- und Nasenhöhlen, Rachenraum oder ein Rüssel – in diesen Bereichen des Körpers kann der Schall schwingen wie im Körper eines Instruments oder im Gewölbe einer Kirche.

Der für die Elefanten typische Trompeten-Laut ist ein Laut, der aus dem Rüssel kommt. Doch entsteht er dort auch? Folgen wir ihm hinein in den Elefantenrüssel, in die Nasenhöhlen und den Vokaltrakt hinunter bis zum Kehlkopf, in der Wissenschaft als Larynx bezeichnet. Mit den Stimmbändern im Kehlkopf erzeugen fast alle Säugetiere ihre Laute

Sehen wir uns einmal die Situation der Lautproduktion beim Menschen an: Auch wir bilden unsere Laute mit dem Kehlkopf. Wenn wir sprechen oder singen, heißt das einfach, dass unsere Stimmbänder, die sich im Inneren des Kehlkopfs befinden, vibrieren. Wenn Luft aus der Lunge strömt und ihren Weg durch den Kehlkopf findet, werden durch diese Luftströme die Stimmbänder in Schwingungen versetzt. Dazu braucht es keine Nervenzellen, die das Vibrieren anregen, und auch keine Muskeln.

Die Frequenz der Stimmbandvibration, also wie häufig die Stimmbänder in einer Sekunde hin- und herschwingen, ist verantwortlich für die Tonhöhe unserer Stimme; die Stärke des Luftstroms dagegen bestimmt die Lautstärke. Weiter geformt werden die Laute dann im Vokaltrakt mit seinen Resonanzräumen und den dort vorhandenen Strukturen wie Zunge, Zähne, Wangen oder auch durch die Lippen. Auf diese Weise wird das Geräusch zum „Miau" der Katze, zum „Muhen" der Kuh oder auch zu einem menschlichen Wort geformt.

Manche Anteile des Lautspektrums werden durch die Resonanzen verstärkt, andere abgeschwächt oder sogar ausgelöscht. Jene Anteile des Lautspektrums, die verstärkt und dadurch besser wahrgenommen werden, bezeichnet man als „Formanten". Formanten sind wichtige Informationsträger bei uns Menschen, aber auch im Tierreich. Versuchen Sie einmal die Vokale – a, e, i, o, u – zu sprechen, und beobachten Sie Ihre Lippenbewegungen im Spiegel. Nehmen Sie bewusst wahr, wie sich die Position Ihrer Zunge oder Ihres Kiefers verändert. Wenn Sie ein „u" formen, dann spitzen Sie die Lippen vorne zu. Durch diese Bewegungen, auch Artikulation genannt, verändert sich der Raum in der Mundhöhle. Es verändern sich daher auch die Resonanzen und damit jene Frequenzanteile des Spektrums, die verstärkt werden. Durch diese Unterschiede können wir die Laute verändern.

Alle Landsäugetiere verfügen über einen Kehlkopf mit Stimmbändern als primäres Lautorgan, den sie für viele ihrer Laute – wenngleich nicht für alle! – nutzen. Das trifft auch auf den Elefanten zu. Ein Rumble-Laut klingt ein bisschen wie entfernter Donner, daher stammt vermutlich auch die Bezeichnung: „to rumble" bedeutet „grollen" auf Englisch. Die tiefsten Frequenzanteile dieser Laute liegen bei etwa zehn Hertz, also wirklich deutlich unter der Hörschwelle des Menschen. Der menschliche Hörbereich umspannt zwanzig bis zwanzigtausend Hertz. Alles, was sich darunter befindet, bezeichnen wir als Infraschall. Schall über zwanzigtausend Hertz wird als Ultraschall bezeichnet – in diesem Frequenzspektrum vokalisieren zum Beispiel Fledermäuse und Mäuse.

**Hörprobe**

Der Begriff „Rumble" kommt vom englischen Wort für „grollen" – warum, das lässt sich in dieser Aufnahme gut nachvollziehen

Aufgrund seiner enormen Körpergröße ist beim Elefanten natürlich auch das Lautorgan, der Kehlkopf, deutlich größer als bei uns: Unsere Stimmbänder sind zwei Zentimeter lang, die eines ausgewachsenen Elefantenweibchens etwa zehn Zentimeter. Bei einem noch einmal deutlich größeren Bullen sind es sogar fünfzehn Zentimeter. Das sind sehr massige Stimmbänder. Werden sie durch den Luftstrom der Lunge beim Vokalisieren in Vibrationen versetzt, vibrieren sie schon aufgrund ihrer Masse deutlich langsamer als kurze Stimmbänder. So kommt der tiefe Grundton des Rumbelns zustande – weil langsame Vibrationen Töne niedrigerer Frequenz erzeugen als schnelle Vibrationen. Aber abgesehen von der Länge der Stimmbänder und der Größe des Lautorgans produzieren Elefanten diese Infraschalllaute tatsächlich auf die gleiche Art und Weise, wie wir Menschen sprechen und singen.

## Larynx Lab: Den Elefantenlauten auf der Spur

Herausgefunden haben wir das im Jahr 2012 mithilfe eines ungewöhnlichen Experiments: Als im Berliner Zoo ein Elefantenweibchen starb, ließen wir ihren Kehlkopf entnehmen und ins Larynx Lab von Professor Tecumseh Fitch, Leiter des Instituts für Verhaltens- und Kognitionsbiologie an der Universität Wien, bringen. In diesem Labor ist es möglich, zu untersuchen, wie Laute tatsächlich entstehen. Bei uns Menschen ermittelt man das mithilfe einer Sonde direkt beim Sprechen oder Singen. Eine Methode, die sich beim Tier – nachvollziehbarerweise – nur sehr schwer einsetzen lässt.

Anhand eines Modells haben wir daher die Funktion der Lunge imitiert: Wir ließen befeuchtete Luft mit genau definiertem Druck durch den präparierten Kehlkopf strömen. High-Speed-Kameras und Mikrofone zeichnen die so erzeugten Vibrationen der Stimmbänder und Töne auf. Mittels Elektroglottographie, die elektrische Impulse aus der Stimmbandregion ableitet, wird die Art und Weise der Stimmbandvibrationen – wie sie zusammentreffen, ob sie symmetrisch schwingen oder nicht – genau analysiert.

Elefanten rumbeln auf die gleiche Art und Weise, wie wir Menschen sprechen und singen! Das war eine bahnbrechende Entdeckung, die wir auch in *Science*, einem der renommiertesten wissenschaftlichen Journale, publizieren konnten. Bis zu diesem Zeitpunkt war noch darüber spekuliert worden, ob für die Produktion dieser Laute möglicherweise ein spezieller Mechanismus im Spiel ist. Wir aber konnten zeigen: Rumbles sind „nichts Besonderes“, Elefanten erzeugen sie, indem die Stimmbänder durch den Luftstrom zum Schwingen gebracht werden.

Das Elefantentrompeten hingegen ist immer noch mysteriös: Wie die Tiere die Frequenz von dreihundert bis fünfhundert Hertz zustande bringen, ist nach wie vor völlig unbekannt. Klar, der Rüssel spielt dabei eine wichtige Rolle. Aber der Ursprung des Lautes ist noch unbekannt: Sind es die Stimmbänder, die der Elefant doch stärker spannen kann als gedacht, um höhere Frequenzen zu erzeugen? Oder sind es andere Strukturen, die bei der Produktion helfen?

## Unerwartete Laute I: Quietschende Elefanten

Es gibt unzählige Laute, über deren Entstehung wir noch wenig wissen. Der lange Muskelschlauch des Elefantenrüssels hat unzählige Möglichkeiten, sich zu verengen, sich zu erweitern, sich zu verschließen oder eine Struktur, ein Gewebe in Schwingungen zu versetzten, um damit einen Ton zu erzeugen. Theoretisch könnte auf diese Weise eine riesige Vielfalt von Lauten entstehen. Auch ein Trompeten-Laut hört sich jedes Mal anders an, je nachdem, ob der Elefant den Rüssel dabei nach unten streckt, nach vorne richtet oder ob das Tier dabei in Bewegung ist. Zudem spielen die Größe des Elefanten und die Größe seines Rüssels eine Rolle. Natürlich klingt das Trompeten eines zweihundert Kilogramm schweren Elefantenjungen anders als das Trompeten eines ausgewachsenen Sechstonners.

In unserer bisherigen Forschung konnten wir zeigen, dass die Trompeten-Laute Asiatischer Elefanten charakteristisch für ein Individuum sind. Andererseits konnten wir belegen, dass selbst die Trompeten-Laute eines einzelnen Individuums jedes Mal anders sind. Und dann haben wir herausgefunden, dass Elefanten auch ganz neue Laute erfinden können, beinahe so, wie wir pfeifen oder eine Melodie summen. Manchmal winden sie den Rüssel, verkürzen und drehen ihn, es erinnert fast an eine Konzertina, während sie Luft herausquetschen. So entstehen die verschiedensten Töne, die nicht der Kommunikation dienen, sondern vielmehr der Beschäftigung. Häufig tun Elefanten das nämlich, wenn es sonst gerade nichts anderes zu tun gibt, zum Beispiel wenn sie auf die anderen Gruppenmitglieder warten. Dieses Spielen mit der Stimme ist etwas Besonderes beim Elefanten und unterscheidet ihn von vielen anderen Tieren.

Immer wieder stoße ich auf ungewöhnlich lustige Laute, die nicht Teil der normalen akustischen Kommunikation zwischen Elefanten sind – ganz hochfrequente Quietschlaute zum Beispiel. Drei Afrikanische Elefanten, zwei in Botswana und einer in einem Zoo in Deutschland, haben dafür unabhängig voneinander einen ähnlichen Mechanismus entwickelt: Sie pressen eine Nasenöffnung zusammen, saugen Luft durch die andere ein und erzeugen auf diese Weise Quietschlaute mit Frequenzen von bis zu tausendachthundert Hertz – beachtlich hohe Laute für ein tonnenschweres Tier. Zum Vergleich: Kleinkinder haben eine Tonlage um vierhundertvierzig Hertz; die höchsten Laute eines Meerschweinchens haben eine Grundschwingung von tausendfünfhundert Hertz.

Quietschende Elefanten – das hätte wohl niemand erwartet. Die einen, vornehmlich Afrikanische Elefanten, erfinden solche Laute oder imitieren sie. Eine andere Elefantenart hat solche Laute dagegen in ihrem natürlichen Repertoire: Asiatische Elefanten verwenden einen hohen Quietschlaut, zwischen sechshundert und zweitausend Hertz, um Stress oder manchmal Aggression auszudrücken. Aufgrund der Frequenz ist auch hier klar, dass die Tiere diese Laute nicht mit ihren massiven Stimmbändern produzieren.

**Hörprobe**

Wie dieser hohe, quietschende Laut zustande kommt, den manche Elefanten äußern, konnten Angela Stöger und ihr Team erst vor Kurzem nachweisen

Erst vor Kurzem konnten wir nachweisen, wie die Laute tatsächlich produziert werden. Die Tiere pressen Luft durch die angespannten Lippen und versetzen sie damit in Schwingung. Diese Technik entspricht dem Lippensummen (englisch „Lip-Buzzing“), mit dem Trompetenspieler zunächst einen Ton erzeugen, dessen Obertöne dann das Blechblasinstrument verstärkt. Im Tierreich ist diese Technik bisher einzigartig.

**Hörprobe**

Der Elefant Mongu im Tiergarten Schönbrunn erzeugt eine Art Knattergeräusch

Andere Elefanten machen Geräusche, die wie ein Knattern klingen, indem sie Luft durchs Maul pressen. Es gibt Videos eines Asiatischen Elefanten in den USA, der auf eine Art und Weise trompetet, als ertönte ein Schiffshorn. Er produzierte diesen speziellen Laut immer dann, wenn er in seinem Gehege auf das Training mit den Pflegern wartete. Meine Nachforschungen haben ergeben, dass er davor in einem Zoo in Küstennähe untergebracht war, dort hätte er dieses

Geräusch kennenlernen können. Es ist im Nachhinein häufig unklar, ob es sich bei solchen speziellen Lauten um die Imitation eines Geräusches oder eines anderen Tieres handelt – oder um eine Eigenkreation.

Diese Art von Kreativität kommt gerade in menschlicher Obhut sehr deutlich zum Ausdruck. Möglicherweise existiert sie aber auch in freier Wildbahn, wo sie freilich schwierig zu dokumentieren oder schlichtweg nicht auffällig ist. Heute versucht man, die Tiere in Zoos und anderen Elefantenhaltungseinrichtungen zu beschäftigen, sie in Familienverbänden oder in sozialen Gruppen zu halten. Dennoch haben die Tiere viel Zeit und wenig Stress, um ihr Futter zu finden. Es lässt sich schwerlich verhindern, dass intelligenten Lebewesen auch einmal langweilig ist. In genau diesen Situationen werden Elefanten dann aber manchmal kreativ und beginnen ihre Stimme zu erkunden, fast so wie kleine Kinder.

Klar abgrenzen lässt sich diese Angewohnheit aber von Verhaltensstörungen wie der Stereotypie, die bei Zootieren in schlechter Haltung vorkommen kann. Dabei handelt es sich um eine gleichförmige Wiederholung einer Verhaltensweise, etwa ein „Nicken“ bei Vögeln, oder das typische „Weben“ von Elefanten. Hierbei deutet der Elefant Schritte an, schaukelt dabei mit dem Körper und schwingt den Rüssel oder den ganzen Kopf. Bei den von uns beobachteten Lautäußerungen ist der Elefant jedoch offenkundig kreativ tätig, die Laute variieren und werden nicht monoton wiederholt.

Das Quietschen der Elefanten ist auch ein gutes Beispiel dafür, wie Tiere aktiv ihr Lautspektrum erweitern, indem sie andere Strukturen als die Stimmbänder verwenden, um Töne zu erzeugen. Sie erweitern auf diese Weise auch ihren Frequenzbereich – und das kann in manchen Situationen für Tiere überaus nützlich sein.

## Unerwartete Laute II: Die Evolution lehrt Koalas das Röhren

Der Koala, dieser kleine „Bär" aus Australien, der in Wahrheit ja ein Beuteltier ist, schläft die meiste Zeit des Tages. Wenn ein Männchen dann aber paarungsbereit ist, stößt es beeindruckende Brunftlaute aus, ein tiefes Röhren bei etwa dreißig Hertz. Hört man das im Eukalyptuswald, klingt es, als wäre ein riesiges Tier unterwegs. Koalas jedoch sind kleine Tiere, die weder einen besonders großen Kehlkopf noch spezialisierte Stimmbänder besitzen, um derart tiefe Rufe zu produzieren. Wie kommt es also zu diesen Lauten?

Ben Charlton und David Reby von der Universität Sussex haben das Geheimnis der Koalas gelüftet. Die Gaumensegelfalten (die übrigens auch beim Menschen vibrieren, wenn wir schnarchen) im weichen hinteren

Bereich der Mundhöhle sind bei Koalas sehr lang. Wenn der Koala ruft, was in diesem Fall während des Einatmens passiert, senkt sich der Kehlkopf ab und die zwei Hautfalten am Gaumensegel spannen sich. Der Luftstrom lässt sie vibrieren wie Stimmbänder – und erzeugt dadurch diese tiefen Töne. Der Koala besitzt also zwei Stimmorgane: den Kehlkopf und das Gaumensegel.

**Hörprobe**

Nur in der Paarungszeit beginnt der Koala, ansonsten bekannt für seinen schlafreichen Alltag, auf diese beeindruckende Art zu röhren

Für Koalapärchen sind diese Laute extrem wichtig: Einerseits verbreiten sich tiefe Laute besser über größere Distanzen. Das hilft, um sich im Busch zu finden. Andererseits könnten die Laute mit sexueller Selektion zu tun haben. Tiefe Stimmen können ein Merkmal für einen größeren und stärkeren Körper sein, und häufig haben männliche Tiere mit tieferen Stimmen auch mehr männliche Sexualhormone. Es gilt also: Je tiefer und kräftiger das Koalamännchen ruft, desto attraktiver wirkt es auf das weibliche Geschlecht.

Verschiedene Tierarten haben ihr Stimmrepertoire also erweitert, loten höhere oder tiefere Tonlagen aus, als es ihre Stimmbänder erlauben würden – ob quietschende Elefanten oder röhrende Koalas. Selbst Tiere, mit denen wir Menschen eng zusammenleben, verwenden tagtäglich einen zusätzlichen Schallproduktionsmechanismus, um gewisse Laute zu erzeugen.

## Unerwartete Laute III: Hund und Katze lernen durch Belohnung

Das Katzenschnurren ist beispielsweise ein Laut, der nicht etwa durch passive Stimmbandvibrationen aufgrund des Luftstroms aus der Lunge entsteht, sondern er wird durch ganz spezielle neuronale Impulse ausgelöst. Die Stimmbänder einer Katze wären auch zu kurz, um die recht tiefen Schnurrgeräusche zu erzeugen.

Das Schnurren hat eine Frequenz von zwanzig bis dreißig Hertz, ist also fast so tief wie ein Elefanten-Rumble. Die Stimmbänder der Katze werden dabei – anders als beim Miauen – durch Muskelkontraktionen in Schwingungen versetzt, deshalb schnurren Katzen auch unabhängig vom Aus- und Einatmen. Es scheint einen „Rhythmusgeber“ im Katzenhirn zu geben, der gleichmäßige Nervenimpulse absetzt. Darüber hinaus ist das Katzenschnurren noch überraschend wenig erforscht.

**Hörprobe**

Katzen mögen klein sein, doch ihr Schnurren ist beinahe so tief wie der Rumble eines Elefanten

Zu seiner Funktion gibt es derzeit nur Theorien: Einerseits schnurren Katzenbabys schon wenige Tage nach der Geburt gemeinsam mit der Mutter während des Säugens; es könnte der gegenseitigen Beruhigung dienen. Andererseits schnurren Katzen auch, wenn sie um unsere Beine streichen, wenn wir sie streicheln oder beim Betteln. Forscher gehen davon aus, dass Katzen auch dann schnurren, wenn sie Schmerzen haben – manche vermuten, dass die Vibration eine positive Auswirkung auf die Regeneration und Selbstheilung haben könnte. Katzenbesitzer berichten, dass ihre Katzen sich zu ihnen oder auf ihren Körper legen und schnurren, wenn sie sich krank fühlen. Vielleicht aber ist das ein Trugschluss und die Katzen nutzen bloß die Gelegenheit, um sich gemütlich dazuzulegen, wenn ihr Mensch endlich einmal zur Ruhe gekommen ist.

Katzen sind sehr sensible Tiere und achten stark auf unsere Reaktionen – auch darauf, wie wir Menschen uns verhalten, wenn sie schnurren oder mauzen. Tiere sind also nicht nur in der Lage, arteigene Verhalten zu interpretieren. Vor allem jene Arten, die mit uns Menschen zusammenleben, können das menschliche Verhalten nicht nur hervorragend lesen, sondern auch lernen, dies zum eigenen Vorteil zu nutzen.

Ich kenne ein solches Verhalten von meiner Zwergspitz-Hündin Luna, die eine besondere Art hat, ganz leise zu bellen. Das setzt sie gezielt ein, wenn ich ihr keine Beachtung schenke, sie aber etwas will. Das kann ein Leckerli sein, aber auch „Spiel mit mir“ bedeuten. Ich habe offenbar oft genug darauf reagiert – mein Fehler natürlich, aber das Geräusch ist tatsächlich sehr süß. Diesen Trick beherrscht Luna genauso wie ein Asiatischer Elefant, der die Quietschlaute einsetzt – die sonst eher bei großer Aufregung produziert werden –, um Zoobesuchern Futter abzuluchsen. Laute aus dem Repertoire anders einzusetzen als im natürlichen Kontext: Das ist eine bemerkenswerte kognitive Fähigkeit, eine Art von „Usage Learning“, von anwendungsorientiertem Lernen.

Die Zwergspitzhündin Luna hat eine besondere Art, leise zu bellen – und setzt das ganz gezielt ein

## Unerwartete Laute IV: Ist das ein Gepard oder ein Vogel?

Tiere machen sich also verschiedene Möglichkeiten zunutze, um Laute für ihre Bedürfnisse zu produzieren. Ihre komplette Lautpalette zu bestimmen ist auch deshalb weder einfach noch trivial. Von vielen Tieren wissen wir schlichtweg noch viel zu wenig. In diese Gruppe fallen beispielsweise die Geparde, die über ein sehr breites Lautspektrum verfügen. Sie produzieren einerseits typische Katzenlaute, können schnurren oder miauen. Aber Geparde verwenden auch Laute, die man von einer Katze ihrer Größe niemals erwarten würde.

**Hörprobe**

Der Vogel, der hier zwitschert, ist keiner – sondern ein Gepard. Will er sich damit tarnen?

Geparde, bekannt als die schnellsten an Land lebenden Säugetiere, unterscheiden sich in ihrer Sozialstruktur von anderen Katzenartigen: Während Luchs oder Jaguar stets Einzelgänger sind und Löwen im Rudel leben, legt der Gepard sich nicht richtig fest. Weibchen leben solitär – es sei denn, sie haben Junge. Männchen hingegen – meist Brüder aus einem Wurf, die im Alter von etwa vierzehn Monaten die Mutter verlassen – bilden Koalitionen, um durch die Zusammenarbeit bei der Jagd und dem Verteidigen von Territorien erfolgreicher zu sein. Als Kontaktrufe zwischen Mutter und Jungen oder zwischen den

Männchen einer Koalition wäre ein tiefer Ruf logisch, der sich für die großen Distanzen der Savanne eignet. Doch weit gefehlt – der Kontaktruf, oder „Chirp", der Geparde ist der höchste Ton in ihrem Repertoire und hat starke Ähnlichkeit mit dem Zwitschern eines Vogels. Wir fragen uns: Warum dieses Zwitschern? Warum verwenden die Tiere in einem offenen Gelände keinen tieferen Laut? Spielt man jemandem einen Gepardenchirp vor, ist es praktisch unmöglich, ihn von einem Vogelruf zu unterschieden. Sogar für einen Vogel.

Das konnten wir beobachten, als wir in einem privaten Wildreservat in der südafrikanischen Westkapprovinz unterwegs waren, um zu testen, auf welche Entfernung diese hohen Rufe gut wahrnehmbar sind. Stationiert unter einem Baum, spielten wir die aufgezeichneten Geparden-Chirps ab. Zwischen jedem einzelnen Ruf einer Sequenz waren ein paar Sekunden Pause. Doch plötzlich horchten wir auf und bemerkten: Ein auf dem Baum sitzender Vogel mischte sich in unser Experiment ein. Der kleine Kapspatz zwitscherte mit einem einzelnen kurzen Ruf stets genau in die Pausen „hinein", so als ob er sich mit dem vermeintlich neuen Vogel austauschen wollte. Wir waren beeindruckt und aufgeregt zugleich.

Es steht schon seit Längerem die Idee im Raum, dass es sich bei dieser Verhaltensweise um eine Art von akustischer Mimikry handeln könnte, dass die Tiere sich also hinter den Lauten ihrer Umwelt verstecken. Denn Geparde haben viele Feinde, vor allem Löwen, aber auch Hyänen. Sobald Löwen die Möglichkeit bekommen, töten sie Geparde, vor allem Jungtiere, fressen sie aber nie.

Der Grund dafür ist noch unklar. Eine Jagdkonkurrenz ist unwahrscheinlich: Für den Gepard steht alles von der Maus bis zur kleineren Antilope auf dem Speiseplan. Das Löwenrudel bevorzugt hingegen Büffel. Gepardenjunge haben dadurch eine sehr hohe Todesrate, etwa siebzig Prozent davon geht auf das Konto von Löwen.

Tarnung, um nicht aufzufallen, ist also überlebenswichtig. Es ist aber auch wichtig, dass das Muttertier seine Jungen wiederfindet, die sie während der Jagd in einem Versteck zurücklässt. Vielleicht hat sich im Laufe der Evolution gezeigt, dass es für sie schlauer ist, so unauffällig wie möglich zu vokalisieren. Die Chirps der Geparde sind unter Umständen auch für Löwen schwer vom in der Savanne allgegenwärtigen Vogelgezwitscher zu unterscheiden.

Der Gepard ist eine aktuell stark gefährdete Tierart. Ursachen dafür sind der Verlust seines Lebensraums in der afrikanischen Savanne und der Konflikt zwischen Mensch und Wildtier. Seine Haltung in Zoos und die Zucht sind schwierig. Vor zwanzig Jahren habe ich als Studentin im Tiergarten Schönbrunn meine ersten

Erfahrungen mit Geparden gemacht. Damals nahm ich während einer Paarung die Rufe des Männchens auf, mit denen es das Weibchen anlockt und umwirbt. Jetzt beginne ich mit meinem Team die Kommunikation und das Verhalten der Geparde im Detail zu erforschen, indem wir mehr über ihn und sein Gezwitscher herausfinden wollen.

3

# VERSETZEN WIR UNS IN ANDERE KÖRPER

## Wie der Perspektivenwechsel gelingen kann

Es war zeitig in der Früh und ich konnte das rufende Gepardenmännchen schon hören, als ich in die Nähe des Geheges kam. Der Zoo hatte noch geschlossen – für Forschende ist dies übrigens die schönste Zeit im Tiergarten, weil man die Tiere ohne weitere Interaktion durch die Besucherinnen und Besucher beobachten kann. Und es ist auch die beste Zeit, um im Zoo Tonaufnahmen zu machen. Damals, 2001, arbeitete ich als Forschungsassistentin für Kurator Harald Schwammer im Tiergarten Schönbrunn in Wien daran, das Paarungsverhalten der Geparde zu untersuchen. Der Kater lief aufgeregt im Gehege auf und ab, schnüffelte an allen möglichen Stellen, markierte und vokalisierte regelmäßig. Markiert wird durch das Spritzen von Urin, vornehmlich an etwas erhöhten Stellen. Zusätzlich kratzte der Kater mit den Hinterläufen am Boden, damit auch sichtbare Spuren von ihm bleiben. Das Weibchen hatte die Nacht zuvor in diesem Gehegeteil verbracht und offenbar jede Menge Gerüche hinterlassen. Und die Reaktion des Katers deutete darauf hin: Sie ist paarungsbereit.

## Rätselhafte Geparde

Auch wenn die Zucht in Schönbrunn immer wieder klappt – so auch dieses Mal –, ist die Haltung von

Immer wieder klappt es im Zoo Schönbrunn bei den Geparden mit Nachwuchs, doch ihre Fortpflanzung gibt immer noch Rätsel auf

Geparden im Zoo schwierig. Ihr Fortpflanzungsverhalten ist bis heute nicht völlig entschlüsselt und sie geben uns einige Rätsel auf. Geparde sind untypische Katzen, können etwa ihre Krallen nicht einziehen, weil sie den Grip für ihre Sprints benötigen, brüllen nicht, aber schnurren dafür; sie sind tagaktiv und schlechte Kletterer. Selbst in freier Wildbahn haben es Geparde nicht leicht: Keiner kann sie leiden: Von den Bauern werden sie gejagt, obwohl sie selten tatsächlich Hühnerdiebe sind; mit den Löwen sind sie verfeindet.

Junge Geparde ähneln mit ihren Nackenmähnen dem aggressiven Honigdachs, um den die meisten Savannentiere einen Bogen machen. Der Honigdachs nämlich nimmt es sogar mit Löwen und Leoparden auf und steckt den Biss von Giftschlangen weg. Er gilt als das unerschrockenste Tier der Welt. Es kann durchaus von Vorteil sein, wenn ein Gepardenjunges ein bisschen so aussieht wie er.

Als Bates'sche Mimikry bezeichnet man diese Form der Täuschung in der Biologie, benannt nach Herny Walter Bates, der sie 1862 erstmals beschrieb. Es handelt sich dabei um die Nachahmung eines wehrhaften oder ungenießbaren Tieres durch harmlose Tiere zur Täuschung von Feinden. Da Geparde es in ihrem Lebensraum mit den verschiedenen Konkurrenten schwer haben, haben sie gute Anpassungsstrategien entwickelt: Sie reichen vom Tarnen als Honigdachs bis zum Kommunizieren mittels Vogellauten, wie wir im vorigen Kapitel erfahren haben.

Schon damals, als angehende Forscherin, war mir klar, dass ich mehr über Geparde herausfinden will, um all die Besonderheiten ihres Verhaltens zu erfassen.

## Wie bekommt man ein Ohr für die Tiere?

Eine Frage stellte ich mir schon bei meinen ersten Gepardenbeobachtungen, und ich stelle sie mir jetzt mit zwanzig Jahren Erfahrung wieder: Wie nähere ich mich als Verhaltensforscherin einer neuen Tierart? Wie lerne ich, sie zu „lesen", sie zu verstehen? Ich denke, dass das auch für Zoobesucher oder Heimtierhalter, Reisende und Safari-Teilnehmer interessant ist. Viele Menschen beobachten Tiere gern, wissen aber nicht so recht, womit sie anfangen sollen, worauf sie achten könnten, um mehr über ihre Verhaltensweisen zu erfahren.

Für mich als Wissenschaftlerin gilt: Wenn ich für ein Projekt an eine neue Institution komme, egal, ob das ein Zoo ist, eine Auffang- oder Aufzuchtstation, spreche ich zunächst viel mit den jeweiligen Tierpflegern, oder *Handlern,* Guides oder Rangern. Tierpfleger haben ein enormes Wissen. Wenn jemand zwanzig Jahre lang Raubkatzen pflegt und bis auf die Freizeit jeden Tag mit den Tieren verbringt, weiß er sehr viel über Geparde – insbesondere über die Tiere in seiner Obhut, denn jedes Tier hat eine spezielle Persönlichkeit. Die Pfleger füttern die Tiere, machen die Gehege sauber (auch anhand ihrer Ausscheidungen erfährt man viel!), achten auf die Gesundheit der Tiere. Sie gehen intuitiv mit den Tieren um. Sie hören vielleicht auch feine Unterschiede in einzelnen Lauten, die ich zu Beginn noch gar nicht wahrnehme.

Die folgenden sieben Schritte sind für mich hilfreich, wenn ich mehr über eine bestimmte Tierart oder ein einzelnes Individuum herausfinden möchte:

## Schritt 1

**Möglichst unvoreingenommenes Beobachten**

Das Beobachten von Tieren ist ein Prozess. Wichtig ist, dass man Zeit mit den Tieren verbringt – noch ganz ohne den wissenschaftlichen Blick. Ich setze mich also hin und beobachte einfach aus Interesse und Vergnügen. Genau so beginnt im besten Fall jedes Forschungsprojekt in der Verhaltensbiologie, mit dem sogenannten „Ad-libitum-Sampling“: Man lässt die Eindrücke auf sich wirken, macht keine systematischen Aufzeichnungen, sondern eher subjektive Notizen. Dabei mache ich mich mit den Tieren vertraut, nehme wahr, wie sie riechen und welche Laute sie erzeugen. Ich versuche, das Tier als Ganzes zu erfassen, versuche, ein Gefühl dafür zu bekommen, für seine Gestik und Körperhaltungen, für die Art und Weise, wie sich die Tiere bewegen und miteinander interagieren.

Ganz ohne als Verhaltensbiologin zu denken, gelingt mir das natürlich nicht. Welche Bewegungen macht das Tier, welche Bewegungsabläufe finden statt? Wie legt es sich hin? Wie sieht eine Drohgebärde, wie eine Spielaufforderung aus? Wie ist der Tagesrhythmus der Tiere? Sobald ich versuche zu interpretieren, mache ich schon den nächsten Schritt und vertiefe mich in die Literatur.

## Schritt 2

### Im „Verhaltenskatalog" nachlesen

Es geht also an die Arbeit am Schreibtisch, in der man sich durch einen Berg an Artikeln aus wissenschaftlichen Fachjournalen gräbt. Meistens ist schon einiges beschrieben, auch detaillierte Verhaltensbeschreibungen, sogenannte „Ethogramme", gibt es meistens bereits. Darauf kann man die eigene Forschung aufbauen.

Ein Ethogramm ist ein – oft bebilderter oder illustrierter – Verhaltenskatalog. Es handelt sich dabei aber um kein hübsches Tierlexikon, sondern um eine in Bild und Text möglichst nüchtern gehaltene Bestandsaufnahme von Verhaltensweisen eines Tiers. „Gehen" ist für Geparde zum Beispiel definiert als: „Das Tier bewegt sich von einem Punkt A zu Punkt B, die vier Gliedmaßen abwechselnd, wobei immer eine in Kontakt mit dem Boden bleibt." Nüchterner geht es wohl kaum. Auch wenn die Katze zum Beispiel ihre Pfoten ableckt und sich danach über das Gesicht fährt, darf das nicht als „Die Katze putzt sich" beschrieben werden – damit würde man schon viel zu viel hineininterpretieren! Stattdessen gilt es, den exakten Bewegungsablauf in Worte zu fassen.

Das ist durchaus sinnvoll: Werden in einer Forschungseinrichtung zum Beispiel genmanipulierte Mäuse untersucht, dient häufig das durch die Manipulation veränderte Verhalten als Messlatte. Die Veränderungen dann wirklich zu erkennen ist ohne ein solches Ethogramm als „Verhaltensstandard" praktisch unmöglich.

**Schritt 3**

**Geduldig einen Blick, ein Gespür für die Tierart entwickeln**

So wichtig eine Systematik auch ist – nichts geht in der Beobachtung über die Erfahrung. Sich hin und wieder hinzusetzen und ganz unvoreingenommen einfach nur zu beobachten ist unverzichtbar. Auch wenn man schon zwanzig Jahre mit einer Tierart arbeitet, sollte man das immer wieder tun. Damit bringt man manchmal auch die Freude wieder zurück, die natürlich – wie bei jeder Arbeit – ab und zu verloren geht. Manchmal ist es frustrierend, wenn man nach zwölf Stunden vergeblicher Suche nach Tieren im Nationalpark kein Experiment durchführen kann oder keine brauchbaren Ergebnisse erhält. In solchen Situationen hilft es mir, wenn ich das Auto am Ende eines solchen Tages an einem Wasserloch parke und einfach den Sonnenuntergang genieße. Ich schaue und höre den Tieren zu – etwa Elefanten und Warzenschweinen – und erinnere mich daran, warum ich meine Arbeit so liebe.

Für das Beobachten braucht es Geduld und Beharrlichkeit. Am Beginn ist man schon froh, wenn man bemerkt, dass sich das Ohr eines Tiers bewegt! Wenn meine Studierenden das erste Mal beim verhaltensbiologischen Praktikum im Zoo oder auf Studienreisen beobachten, merken sie, wie anstrengend das ist.

Der Beobachtungszeitraum wird in kurze Abschnitte von zwanzig bis dreißig Minuten eingeteilt, in denen sie die Augen nicht von dem Tier lassen dürfen. Es darf einem nichts entgehen! Oft passiert etwas sehr plötzlich, manche Verhaltensweisen dauern nur ganz kurz – etwa ein schneller Blick nach einem Artgenossen. Kontinuierlich live zu beobachten ist schwierig. Natürlich lässt sich Verhalten auf Video aufzeichnen, um das Material später im Labor ganz genau in Zeitlupe zu sichten, aber dafür benötigt man wiederum sehr viel Zeit.

Zurück zu den Ohrbewegungen. Nach jahrelanger Erfahrung mit einer Tierart kenne ich bestimmte Zusammenhänge. Ich weiß dann: Wenn das Ohr in diesem Zusammenhang wackelt, bewegt sich in der Folge zum Beispiel auch die Schwanzspitze. Ich muss nicht mehr darüber nachdenken, was es bedeutet, ich erkenne den Ausdruck der Körpersprache. Nach zwanzig Jahren Elefantenforschung weiß ich intuitiv, welche Laune der Elefant heute hat und ob ich mich ihm noch nähern kann. Ich erkenne, ob das Tier angespannt ist und leicht unruhig wird, sobald ich eine gewisse Distanz unterschreite.

Wenn ich in afrikanischen Nationalparks mit meinem Team im Jeep auf einer der „Hauptstraßen" unterwegs bin, weiß ich, dass die Elefantenherden nahe an die Autos herankommen. Dort sind auch viele Touristen mit ihren Fahrzeugen unterwegs und die Tiere sind es gewohnt. Begegnen wir derselben Herde aber auf einer der Nebenstraßen, wo keine Touristen fahren dürfen, bestehen die Tiere durchaus auf einen größeren Abstand, zumindest am Beginn der Beobachtung. Es ist dann ein langsames Sich-Vorantasten: Wie nahe können wir den Tieren kommen, ohne dass sie vor uns davonlaufen oder uns drohen? Oft drehe ich den Spieß dann um: Ich bleibe mit dem Auto stehen, und Schritt für Schritt nähern sich die Tiere von selbst.

Wenn man mit Großsäugern arbeitet, kann das intuitive Deuten von Bewegungen, von subtilen Signalen, die das Tier aussendet, nicht nur forschungsrelevant, sondern auch überlebenswichtig sein. Gerade für Tonaufnahmen versuchen wir, möglichst nah an die Elefanten heranzukommen. Die Individualdistanz – jene Entfernung zum Tier, die ohne Ausweich- oder Angriffsreaktion geduldet wird – muss trotzdem eingehalten werden. Sie kann aber von Tier zu Tier stark variieren, oder sich beim gleichen Tier mit der Situation ändern.

Vielleicht ist der Vorgang, wie man das Verhalten eines Tieres zu „lesen" lernt, dem Erlernen einer Sprache ähnlich: Auch hier fängt man üblicherweise mit Vokabellernen an und entwickelt mit der Erfahrung ein Gespür, ein Gehör. Genauso lernen wir in der Verhaltensbeobachtung zuerst: Ohraufstellen bedeutet beim Elefanten, er ist aufmerksam. So arbeitet man sich durch und bemerkt: Aha, so wird also ein Satz gebaut in dieser Sprache! Eine gewisse Sensibilität beim Sprechen und beim Zuhören stellt sich ein und plötzlich nimmt man Nuancen wahr, muss gar nicht mehr nachdenken, sondern „versteht" einfach die Botschaft.

## Schritt 4

**Sich ins Lautrepertoire einhören und Individuen an der Stimme erkennen**

So wie man einen Blick für eine Tierart entwickeln muss, so muss man sich in eine neue Tierart auch „einhören". Als ich für meine Dissertation über die frühe akustische Entwicklung bei Afrikanischen Elefanten Anfang der 2000er-Jahre viel im Tiergarten Schönbrunn war, wusste ich genau, welcher Elefant gerade „spricht". Ich konnte die Individuen anhand ihrer Stimmen auseinanderhalten, ganz so, wie wir uns bekannte Menschen an der Klangfarbe ihrer Stimme erkennen. Diese kommt durch gewisse anatomische Eigenheiten im Vokaltrakt zustande, die jeder Mensch und jedes Tier aufweist. Außerdem hat jeder, auch jedes Tier, seine ganz spezielle „Persönlichkeit" und dadurch eben auch eine stimmliche Individualität. Das beginnt schon beim Mitteilungsbedürfnis: Manche Individuen „reden" beziehungsweise vokalisieren mehr als andere. Tonga, eine dominante Elefantendame im Tiergarten Schönbrunn, regt sich sehr schnell auf und vokalisiert auch entsprechend viel. Sie hat einen sehr schönen rollenden Rumble. Die vor einigen Jahren verstorbene Jumbo hingegen klang immer etwas heiser oder rauchig.

Es ist schwierig, diese Unterschiede angemessen zu beschreiben – und es ist auch schwierig, sie wissenschaftlich zu erfassen. Denn das menschliche Gehör funktioniert so differenziert, nimmt so viele feine Unterschiede wahr, dass wir das auch mit den besten Analyseprogrammen schwer erforschen oder nachstellen können. Wir können viele Parameter exakt vermessen, zum Beispiel die Grundschwingung und Modulationen von Frequenzen. Aber es sind dennoch immer nur Teile des Ganzen. Im Schnitt können wir zwanzig akustische Parameter statistisch vergleichen, weil auch aufgrund von Qualitätsunterschieden in den Aufnahmen nicht immer alles vermessen werden kann. Auch wenn die Technik, von der Aufnahme bis zur Analyse, immer besser wird, sind unser Gehirn und unsere Wahrnehmung immer noch deutlich feinsinniger und arbeiten komplexer als jedes digitalisierte System.

Es sind die Jahre, die Praxiserfahrung, die einen zum Profi im eigenen Gebiet werden lassen. Ich beobachte heute ganz anders als vor zwanzig Jahren, ich „lese" Tiere ganz anders und viel intensiver. Für mich schauen Elefanten nicht gleich aus und sie hören sich auch nicht gleich an. Mir kommt es so vor, als würden sich in meinem Kopf all die Elefantenbeobachtungen, die vielen selbst durchgeführten Elefantenstudien und die in der Literatur beschriebenen in Schichten übereinanderlegen und so meine Interpretationsgrundlage bilden. Kleinigkeiten etwa, die einem am Anfang ganz unbedeutend vorkommen oder überhaupt entgehen, fallen mir heute sofort auf, weil ich gelernt habe, dass sie von Relevanz sind. Und ich kann schneller – ausgehend von mehreren dieser vermeintlichen Kleinigkeiten – auf den Gesamtzustand des Tieres, seinen Charakter und seinen Gemütszustand schließen.

## Schritt 5

**Die Ohren aufsperren – oder hören wir nur, wovon wir wissen?**

Es passiert auch, dass ich Dinge höre und wahrnehme, die andere nicht hören. Wenn ich mit Freunden in der Savanne unterwegs bin und ein leises Rumbeln vernehme, sage ich: „Hast du das jetzt gehört?“ – „Nein, was?“ – „Das, was geklungen hat wie ein Lastwagen in der Ferne oder ein leises Donnergrollen. Habt ihr das jetzt wirklich nicht gehört? Das gibt es ja nicht! Okay, jetzt seid einmal still und horcht!“ Dann – plötzlich – hören sie es auch. Mein Gehör ist darauf natürlich trainiert. Selbst wenn ich in einem Gespräch bin, entgeht mir, soweit es mir als Mensch möglich ist, kaum ein Elefantenlaut.

Auch das muss man als Forscherin lernen, man muss einen Feinsinn, ein Gehör dafür entwickeln. Letzten Endes muss diese Art des Hörens in einen Automatismus übergehen, damit sie während der Beobachtungen oder des Experiments auch wirklich gut funktioniert. Denn während der Tierbeobachtung ist ohnehin so viel anderes zu bedenken, vom Fokus der Kameras bis zur Funktionstüchtigkeit des Tonaufnahmegeräts. Ich muss die Individuen identifizieren und im Auge behalten – auch wenn ich während des Experiments im Auto sitze.

## Schritt 6

**Als Wissenschaftlerin den schmalen Grat zwischen „Sich ins Tier hineinfühlen" und „Sich vom Tier abgrenzen" beschreiten**

Diese schrittweise Annäherung an das Tier bringt Unerwartetes mit sich. Zum einen ist das ein Perspektivenwechsel. Ich lerne nach und nach, mich ins Tier einzufühlen, besser zu verstehen, warum es sich wie verhält – oder in den nächsten Momenten verhalten wird. Zweitens, und das ist für eine Wissenschaftlerin potenziell problematischer als für eine Zoobesucherin oder einen Heimtierhalter: Wenn ich ein Tier oft sehe – und das muss ich, um es kennenzulernen –, habe ich eine andere Bindung zu ihm und entwickle automatisch Gefühle. Das ist eine sehr menschliche Neigung.

Gerade wenn man mit Jungtieren arbeitet, fällt es schwer, Emotionen außen vor zu lassen. Einer der Schwerpunkte meiner Arbeitsgruppe liegt in der Erforschung der akustischen Ontogenie, also darin, wie junge Tiere lernen zu kommunizieren. Während der Arbeit an meiner Dissertation habe ich zwei Monate lang in einem Elefantenwaisenhaus in Nairobi gearbeitet. Ich hatte es dort mit Elefantenbabys im Alter von drei bis fünfzehn Monaten zu tun, die hauptsächlich aufgrund von Wilderei oder anderen tragischen Umständen ihre Mutter verloren hatten. Madiba, ein damals ganz kleines, drei Monate altes Elefantenjunges, habe ich besonders ins Herz geschlossen. Dennoch: Seriöse wissenschaftliche Arbeit verlangt, sich vom zu erforschenden Tier abzugrenzen, um sein Verhalten möglichst objektiv betrachten zu können.

Dieser Grat ist schmal. Denn beide Fähigkeiten sind von Bedeutung. Es ist einerseits wichtig, ernsthaft zu beobachten, ohne persönliche Wertungen. Andererseits ist es ebenfalls wichtig, das Tier zu mögen, mit dem man arbeitet.

Das eine Gefühl bedingt das andere. Die starke Emotion ist wichtig, damit man in der Forschung aktiv, neugierig und wissbegierig bleibt. Ohne diese Leidenschaft steht man nicht jeden Tag um fünf Uhr früh auf, um ins Feld zu fahren und Tiere zu beobachten. Aber im Moment der wissenschaftlichen Beobachtung ist das Verhalten des Tieres systematisch zu sehen. Man muss sowohl die Fähigkeit haben, sich emotional auf die Forschung einzulassen, als auch die Bereitschaft mitbringen, objektiv und rational zu beobachten und zu handeln. Vor allem aber muss man diese beiden Bereiche voneinander trennen können, sonst ist man keine gute Wissenschaftlerin.

## Schritt 7

### Wissenschaftliche Reflexion

Dank dieser möglichst objektiven Beobachtung und der systematischen Aufarbeitung von gesammelten Daten kann man später fundiert argumentieren. Die Forschung hat mit Beweisen zu der Erkenntnis beigetragen, dass Tiere Emotionen haben.

Angst zum Beispiel ist eine Emotion, und sie lässt sich in verschiedene Komponenten unterteilen. Bei Angst verändert sich die Körperhaltung, häufig wird eine eher geduckte Position eingenommen – das ist die Verhaltenskomponente. Es wird versucht, die

Situation zu interpretieren, und die Sinne schärfen sich – das ist die kognitive Komponente. Die physiologische Komponente umfasst körperliche Reaktionen: Der Mund wird trocken, der Herzschlag beschleunigt sich, man bereitet sich darauf vor, bei Bedarf zu flüchten.

Vergleichende Untersuchungen im Bereich der Neurowissenschaften konnte zeigen, dass jene Hirn-Areale, die beim Menschen entscheidend für das Entstehen von Emotionen sind, auch bei Tieren, vor allem Säugetieren, die gleiche Funktion erfüllen. Das bedeutet, dass beim Menschen und bei anderen Säugetieren in bedrohlichen oder erfreulichen Situationen die gleichen Hirnregionen aktiv sind. Natürlich beobachtet man auch die dementsprechenden Verhaltensreaktionen, die in gewissen Situationen zwischen Menschen und Tieren sehr ähnlich sein können. Die Erkenntnisse der Neurowissenschaften, der Physiologie, der Kognition und Verhaltensbiologie haben zusammen dazu geführt, dass heute Emotionen zumindest bei allen Säugetieren anerkannt werden – eine Erkenntnis, die maßgeblich auf den Psychologen Jaak Panksepp zurückgeht.

Bis vor Kurzem wurde nämlich nicht nur die Existenz von Gefühlen und Emotionen bei Tieren bezweifelt, es wurde auch lange angenommen, dass die Kommunikation rein instinktiv passiert. Heute wissen wir, dass Tiere nicht nur „reflexartig" vokalisieren, sondern ganz situativ abhängig davon, was um sie passiert. Laut gegeben wird nur dann, wenn das Verhalten gerade Sinn ergibt. Ein Gepardenjunges darf nicht nach der Mutter rufen, wenn ein Löwe in der Nähe ist – auch wenn es vielleicht gerade jetzt rufen will. Wenn es den Löwen gewittert hat, ist es ruhig. Alles andere wäre ein tödlicher Fehler.

Alarmrufe, die der Art und dem Grad der Bedrohung angepasst werden, dienen hier ebenfalls als Nachweis, wie Tiere, vor allem auch Haustiere, jene Laute bewusst anwenden, um unsere Aufmerksamkeit zu erhalten. Viele solcher konkreten Nachweise, zu welchen Verhaltensweisen Tiere fähig sind, verändern nach und nach unser Bild von ihnen.

Die Wissenschaft kann durch ihre Erkenntnisse für den Tier- und Artenschutz viel erreichen. Sie liefert Belege, um Missstände aufzuzeigen, vom Artensterben bis hin zur unzureichenden Tierhaltung. Wir erforschen, was Tiere für ein „gutes Leben" brauchen – ob zur Fortpflanzung, um ihr Sozialverhalten ausleben zu können oder ihre Grundbedürfnisse zu decken – und was ihnen schadet. Häufig spielt in dieser Erforschung das Lautverhalten der Tiere eine wichtige Rolle.

4

# SO ÄHNLICH, SO FREMD II

## Wie wir uns mit moderner Technik verborgene Laute erschließen

Wenn eine Elefantenherde – aus für mich unersichtlichem Grund – plötzlich von einem Wasserloch aufbricht, hätte ich nur zu gerne die Kommunikation mitgehört, die zuvor zur Koordination via Infraschall stattgefunden haben muss. Ohne das Dokumentieren dieser Infraschallsignale bleibt sie mir allerdings verborgen. Mein Anspruch aber ist es, mehr als bloß eine Ahnung von der Welt der Tiere zu bekommen. Daher verwenden wir Mikrofone, die den Infraschall aufnehmen können. Es gibt aber auch Methoden, um Schall sichtbar zu machen und auf diese Weise tiefer in die Welten der Tierlautproduktion vordringen zu können.

## Akustische Kamera: Den Schall sichtbar machen

Bevor wir in diese Welten eintauchen, treten wir noch einmal einen Schritt zurück und erinnern uns, wie die Lautproduktion abläuft. Bei uns Menschen dringen die mit dem Kehlkopf produzierten Laute meist durch die Mundhöhle nach außen; Tiere vokalisieren dagegen häufig nasal. Ein Hund etwa bellt durch das Maul, aber er knurrt durch die Nase. Auch Elefanten verwenden neben dem Maul ihren Rüssel für Lautäußerungen. Als Wissenschaftlerin habe ich natürlich den Ehrgeiz herauszufinden, unter welchen Bedingungen die Tiere welchen „Kanal“ benutzen – und warum.

Was tatsächlich im lebenden Tier während einer Lautäußerung passiert, können wir mit den Laborversuchen im Larynx Lab, die ich im vorigen Kapitel beschrieben habe, nicht nachstellen. Deshalb arbeitet der Evolutionsbiologe Tecumseh Fitch nicht nur mit präparierten Kehlköpfen, sondern auch mit quicklebendigen Tieren: Hunde, Ziegen und ein Makake wurden darauf trainiert, auf Kommando direkt in einem Röntgenapparat zu bellen oder zu meckern. Fitch interessieren die anatomischen Voraussetzungen für die Entwicklung der Sprache. Wo liegen Unterschiede, wo Gemeinsamkeiten zwischen Tier und Mensch? Der Elefant allerdings war für den Röntgenapparat zu groß. Wie lässt sich bei ihm herausfinden, ob ein Laut aus Maul oder Rüssel dringt? Das ist nicht immer so offensichtlich wie beim Trompeten, hat aber großen Einfluss auf Struktur und Klang des Lautes. Insbesondere dann, wenn die Nase als „nasaler Vokaltrakt“ zum Rüssel verlängert ist. Hier müssen neue Technologien zum Einsatz kommen.

Seit mehreren Jahren verwenden wir für solche Untersuchungen eine „akustische Kamera“, die Schall visualisieren kann. Schallvisualisierung passiert seit Jahrzehnten in der Industrie, um Lärmquellen aufzuspüren: in Gewerbebetrieben und Industrieanlagen, in

Der „Star Array", eine große akustische Kamera, ist mit 48 Mikrofonkanälen ausgestattet und kann besonders tiefen Schall lokalisieren und visualisieren

Maschinen und Motoren oder in der Konstruktion davor von Hubschraubern und Flugzeugen. Wir können dank einer Kooperation mit Kollegen einer Berliner Firma für Innovationstechnologien ein solches Gerät für unsere Forschung einsetzen.

Wie aber funktioniert dieses faszinierende Gerät? Herzstück der akustischen Kamera sind Mikrofone, je nach Modell in unterschiedlicher Anzahl. Es gibt das große „Star Array", ausgestattet mit achtundvierzig Mikrofonkanälen, die auf den drei großen Fühlern einer Stativkonstruktion arrangiert sind. Dieses Modell eignet sich besonders für die Lokalisierung von tiefem

Schall und großen Objekten. 2019 hatten wir zusätzlich eine handlichere und mobilere 3-D-Version einer akustischen Kamera bei Feldforschungen in Botswana dabei, mit sechsundneunzig speziell angeordneten Mikrofonen.

Diese Mikros nehmen nicht nur den Ton auf, sondern sorgen auch für das Bild: Aufgrund ihrer unterschiedlich großen Entfernungen zur Schallquelle trifft der Schall zu leicht unterschiedlichen Zeiten auf die einzelnen Mikrofone. Diese minimalen Zeitunterschiede werden von jedem einzelnen Mikrofon aufgenommen. Aus den gesammelten Informationen lässt sich die genaue Position der Schallquelle ermitteln. Im Zentrum der jeweiligen Konstruktion befindet sich dann noch eine hochauflösende Kamera, auf die das „Schallbild“

Das Farbspektrum in dem Bild, das die akustische Kamera erzeugt, macht sichtbar, wo der Laut abgestrahlt wird

übertragen wird. Als Endergebnis können wir dann – farblich markiert – auf einer Video-Aufnahme erkennen, wo der Laut abgestrahlt wird, also von welchem Tier er stammt bzw. von welchem Lautorgan.

## Ein Savannen-Ferngespräch der tiefen Töne

Dass Rüssel- und Maulöffnung beim Elefanten (relativ) weit voneinander entfernt sind, hat dabei für uns einen Vorteil: Wir konnten mithilfe der akustischen Kamera sehr gut auflösen, welche Laute nun aus dem Rüssel kommen und welche aus dem Maul. Erstmals konnten wir zeigen, dass Elefanten durch beide Lautorgane ihre Rumble-Laute produzieren. Und wir zeigten, wie und auf welche Weise diese verschiedenen Rumble-Variationen zustande kommen. Der nasale Vokaltrakt eines Elefantenweibchens ist von den Stimmbändern bis zur Rüsselspitze etwa 2,5 Meter lang; der Abstand zwischen Kehlkopf und Maulöffnung beträgt etwa siebzig bis achtzig Zentimeter. Das ist ein gewaltiger Unterschied, den man auch anhand der Laute erkennt.

Von der Maus über das Krokodil bis zum Elefanten gilt folgende Faustregel: Je länger der oberhalb des Kehlkopfes befindliche Teil des Sprechapparates ist, desto tiefer liegen die Formanten, also die verstärkten Frequenzbereiche im Signal. Je tiefer der Schall ist, desto länger ist die Schallwelle. Bei zehn Hertz hat die Schallwelle eine Länge von dreißig Metern. Das bedeutet auch, dass tiefer Schall sich in der Umwelt besser ausbreitet, weil weniger Objekte sich einer Dreißig-Meter-Schallwelle in den Weg stellen können. Das ist eine physikalische Gegebenheit: Tiefer Schall hat eine größere Reichweite, immer und überall.

Für Elefanten hat dies eine große Bedeutung: Sie leben in einem sehr flexiblen Sozialgefüge, eine große Herde trennt sich untertags häufig zum Fressen. „Fission-Fusion-Gesellschaften" ist der verhaltensbiologische Fachbegriff für diese Art des Zusammenlebens. Die Tiere wandern auseinander, bleiben jedoch ständig akustisch in Kontakt und koordinieren sich. Wenn sie sich später wiedertreffen, wird dies gehörig mit Lauten gefeiert, um ihre soziale Bindung zu bekräftigen.

Genau daran lassen sich die Unterschiede festmachen: Wenn Elefanten über größere Distanzen in Kontakt bleiben wollen, dann rumbeln sie durch den Rüssel. Sie verwenden den langen Vokaltrakt, um die für die Fernkommunikation nötigen tiefen Frequenzanteile besonders zu verstärken. Wenn sie sich aber wiedersehen und begrüßen – selbst nach einer kurzen Trennung von zehn Minuten –, wird das Begrüßungsritual mehrere Minuten lang zelebriert. Es entsteht ein faszinierender Chorus, alle Elefanten trompeten und rumbeln durcheinander, sie kommen ganz nah zusammen, berühren einander immer wieder und vokalisieren gemeinsam. In dieser Situation wird durch das Maul gerumbelt und dadurch werden die höheren Frequenzanteile der Laute verstärkt. Auf diese Art teilen sie besonders viel an Sozialinformationen mit – Individualität, Gruppenzugehörigkeit und vor allem Emotionen.

**Hörprobe**

Selbst nach wenigen Minuten Trennung ist der Chorus, mit dem sich Elefanten wie in dieser Aufnahme begrüßen, faszinierend – und dauert oft minutenlang

Will man solche Wildtier-Laute im Rahmen eines gezielten Experimentes aufnehmen, gleicht das einer Konzertaufführung. Ich als Forschungsleiterin bin dabei die Dirigentin und muss dafür sorgen, dass die Sicherheit aller Teilnehmenden zu jeder Zeit gewährleistet ist. Alle müssen über den Plan informiert sein und wissen, was sie zu tun haben.

Da sind die Techniker, die es nicht gewohnt sind, mit Tieren zu arbeiten, und nun Respekt davor haben, dass plötzlich ein leibhaftiger Elefant vor ihnen steht. Oder überrascht sind, wie lang so ein Rüssel werden kann, wenn der Elefant ihn ausstreckt. Da sind die Pfleger, die die Elefanten entsprechend anweisen müssen – zum Beispiel, wenn wir die Herde trennen wollen. Und dann sind da ja auch noch die Elefanten, manchmal bestens gelaunt, manchmal aber auch unkooperativ oder schlicht unachtsam – und übersehen beim Rückwärtsgehen, dass jemand hinter ihnen steht! Damit das Experiment gelingt, sollen die Tiere außerdem einen gewissen Abstand zum Mikrofon einhalten, sich nicht zu intensiv bewegen – um die Laut-Lokalisierung nicht zu erschweren – und idealerweise während des Vokalisierens „in die Kamera schauen“ … Tja, Sie können sich vorstellen, es braucht Geduld, Energie, Planung, Teamwork und eben eine Dirigentin, um verwertbare Daten zu erhalten.

## Echoortung über die „Melone“: Das Klicken unter dem Meer

Schauplatzwechsel unter die Meeresoberfläche: Kennen Sie das Blasloch der Delfine? Durch dieses stoßen die Meeressäuger, sobald sie an der Wasseroberfläche sind, verbrauchte Luft aus. Dieses Hinausblasen versetzt das Gewebe im Nasengang unterhalb des Blaslochs in Schwingungen – ganz so, wie wir unsere Stimmbänder zum Vibrieren bringen, die den Delfinen aber fehlen. Bei ihnen übertragen sich die Schwingungen weiter auf die

Das Blasloch dient Delfinen nicht nur zum Atmen: Durch das Gewebe im darunterliegenden Nasengang und die „Melone", ein einzigartiges Organ, senden sie Klicklaute aus – und orientieren sich mittels deren Echos

sogenannte „Melone", eine mit Fett gefüllte Linse in der Stirn. Die Melone bündelt die Schallwellen und sendet sie frontal ab. So entsteht das für die Tiere typische Klicken, genau genommen handelt es sich um Serien von kurzen Klicklauten mit Frequenzen von bis zu 130.000 Hertz. Sie setzen es für eine spezielle Technik ein: die Echoortung.

Die Echoortung dient dazu, die Umgebung präzise wahrzunehmen: Die Delfine senden Schall aus. Stößt er auf Widerstand oder ein Hindernis, wird er in veränderter

Form und mit unterschiedlicher Zeitdifferenz zurückgeworfen. Diese Informationen gleichen die Tiere miteinander ab. Auf diese Weise können sie wahrnehmen, um was für ein Hindernis es sich handelt. Sie können dadurch die Größe, die Richtung und die Entfernung differenzieren und sich mithilfe von Tönen orientieren.

Entdeckt der Delfin etwas Interessantes, nähert er sich neugierig und erhöht dabei die Klickfrequenz. Das erhöht wiederum die Genauigkeit des reflektierten Echos und ermöglicht dem Tier somit einen detaillierten 3-D-Scan seines Gegenübers, beispielsweise eines anderen Delfins oder eines Fisches. Experimente haben gezeigt, dass Delfine mithilfe dieser Technik Gegenstände erkennen – und unterscheiden können, ob es sich dabei etwa um einen Würfel handelt oder um eine Pyramide.

**Hörprobe**

Die Klicklaute, die hier ebenso zu hören sind wie die „Whistles“ genannten Pfeiftöne, dienen den Delfinen zur Orientierung

Delfine arbeiten bei der Echoortung sogar zusammen und teilen die auf diese Weise erhaltenen Informationen miteinander. Herausgefunden haben das die beiden französischen Forscher Olivier Adam und Fabienne Delfour mithilfe eines Mikrofon-Kamerasystems unter Wasser, das ähnlich der oben beschriebenen akustischen Kamera funktioniert. In einem der Versuche zeichneten sechs Kameras und vier Mikrofone jegliches Verhalten einer Delfingruppe auf, eine komplexe Software ordnete dann die Information und kennzeichnete, welcher Delfin gerade Echoortungsrufe von sich gab. Denn: Delfine öffnen beim Klicken nicht ihr Maul, man kann optisch nicht nachvollziehen, welches Tier gerade vokalisiert!

## Auf der Jagd: Den Schall gemeinsam nutzen

Adam und Delfour konnten durch ihre Untersuchungen Bemerkenswertes über das Lautsystem der Delfine und die Art ihrer Kooperation herausfinden: In einer Gruppe, die sich dem Forscherteam näherte, sendete nur das hinterste Tier Echoortungsklicks aus. Der Delfin ganz vorne dürfte primär visuelle Informationen sammeln. Der erste Delfin ist also eine Art „stummer" Späher. Er hat den Vorteil, für Feinde wie Haie oder Schwertwale unauffällig zu sein, weil keine Schallwellen ihn verraten. Delfine haben also eine gemeinsame, arbeitsteilige Erkundungsstrategie.

Gerade für Tiere, die sich in einem dreidimensionalen Raum wie Luft oder Wasser bewegen, ist die Akustik enorm wichtig. Insbesondere für ihre Jagdstrategien: Wir wissen, dass Delfine, aber auch Wale, dabei als Kollektiv agieren. Die Taktik von Schwertwalen ist vergleichbar mit der eines Löwenrudels: Jedes Tier hat seine ganz spezifische Aufgabe. Einer treibt die Beute vor sich her, insgesamt aber hält das Kollektiv zusammen – auch sie kommunizieren miteinander.

Für die Tierwelt gilt also gleichermaßen, was wir Menschen tagtäglich erleben: Informationen lassen sich teilen – und Informationsgewinn verschafft Vorteile. Das lässt die Annahme zu, dass viele Tiere stärker zu handeln scheinen als bisher gedacht. Aus Sicht des Tieres ist es eine enorme Erkenntnis, dass es im Kollektiv als Einzelner nicht nur besser geschützt und erfolgreicher auf der Jagd ist, sondern auch noch besser informiert!

Das könnte uns zum Nachdenken anregen: Tiere sind nicht nur auf sich als Individuen fokussiert, vielmehr müssen sie eine Art Verständnis von „ich" und „du" haben, wenn eine solche Arbeitsaufteilung möglich ist. Und sie wenden Techniken an, um ihr Wahrnehmungsspektrum zu erweitern und besser mit ihrer Umwelt zurechtzukommen. Diese Erkenntnisse konnte wir erst dank der technischen Entwicklungen der vergangenen Jahrzehnte gewinnen, die uns das nötige

Equipment für diese Beobachtungen gebracht haben. Auch daran lässt sich übrigens ablesen, wie wichtig das Teilen von Informationsgewinn über Fachgrenzen hinweg sein kann.

## Bat Detectors: Den Ultraschall der Fledermaus hörbar machen

Ich bin dankbar dafür, dass es in den vergangenen zwanzig Jahren, in denen ich forsche, diese rasanten Fortschritte gab. Wie sonst kämen wir Lauten auf die Schliche, die wir weder aus anatomischen Gegebenheiten noch aus dem Verhaltensrepertoire von Tieren ableiten können – und auch nicht hören? Denn um zu verstehen, was ein Laut bedeutet, muss ich natürlich zumindest mitbekommen, dass es ihn überhaupt gibt.

Für unsere Ohren praktisch lautlos und im Dunkeln leben Fledermäuse. Auch sie senden Klicklaute im Ultraschallbereich aus. Ansatzweise können wir diese bei einzelnen Fledermaus- oder Flughundarten wahrnehmen. Aber wenn die Tiere bei hundert Kilohertz vokalisieren, ist das unmöglich für uns zu hören. Fledermäuse können sich mit ihren Rufen so famos im Dunkeln orientieren, dass sie selbst bei hoher Geschwindigkeit nicht mit Bäumen oder Gegenständen kollidieren. Die Echoortung funktioniert einfach extrem genau. Dabei sind die Tiere unglaublich schnell unterwegs – sie erreichen im Schnitt Fluggeschwindigkeiten von fünfzig bis sechzig Kilometern pro Stunde, es wurden aber auch schon Höchstgeschwindigkeiten von bis zu hundertsechzig Kilometern pro Stunde gemessen.

**Hörprobe**

Die Ortungsrufe der Fledermäuse sind für uns normalerweise nicht hörbar. Ein zeitdehnender Detektor verwandelt sie hier in niedrigere Frequenzen: So können wir hören, wie sich der Abstand zwischen Signal und Echo zwischen den Rufen verkürzt

Während wir Menschen schätzen, dass sich ein Baum in drei Meter Entfernung befindet, weiß die Fledermaus dank den Ultraschallsignalen, dass es exakt 3,15 Meter sind. Die Information wird in faszinierender Geschwindigkeit „berechnet“. Die Echoortung hilft den Fledermäusen nicht nur beim Jagen und Orientieren, sie hilft ihnen auch dabei, Wasserstellen zu finden. Glatte Flächen wirken über die Ultraschallreflexion für die Fledermäuse wie ein Spiegel, und in der Natur gibt es solche Flächen nur bei Wasser. Produziert werden die Echoklicks bei den meisten Fledermäusen mit dem Kehlkopf, manche Arten verwenden dafür auch die Zunge. Die Klicks können sehr laut werden und sogar die Lautstärke eines Presslufthammers erreichen. Dennoch, wir Menschen können diese Ultraschalllaute nicht wahrnehmen. Sogenannte Fledermausdetektoren aber sind auf genau diesen Frequenzbereich spezialisiert.

Diese „Bat Detectors“ werden auch von Hobbynaturforschern verwendet, sind nicht teuer und verfügen zum Teil über Programme, die sogar imstande sind, Fledermausarten aufgrund ihrer arttypischen Ruffrequenz zu bestimmen. Außerdem lässt sich mit den Geräten der von den Fledermäusen ausgesandte Schall verlangsamen, um ihn zumindest teilweise hörbar zu machen. Auf diese Weise kann man verfolgen, was eine Fledermaus während des Fluges gerade macht. Ähnlich den Delfinen, erhöhen auch Fledermäuse kurz vor dem Fang ihre Ruffrequenz. Während des normalen Fluges sendet eine Fledermaus etwa zehn Rufe pro Sekunde aus, nähert sich allerdings ein Insekt, werden es bis zu zweihundert Rufe pro Sekunde.

## Mit Sender im Schlammbad: Bioakustik in Action

So wie Fledermäuse haben die meisten Tiere ihre „geheimen“ Leben, bei denen wir sie nicht beobachten können. Wir wissen, dass die Wale auf ihren Wanderungen akustisch miteinander in Kontakt bleiben, aber über welche Distanzen kommunizieren sie miteinander? Wie weit entfernen sich zwei Elefantengruppen voneinander, und auf welche Weise setzen sie ihre Kontaktrufe zur Koordination der Wanderungen ein? Die Antworten auf diese Fragen sind essenziell für ein tieferes Verständnis ihres Verhaltens. Daher wird es auch in der Bioakustik immer beliebter, Tiere mit Sendern auszustatten, um Wanderungen und koordinierte Gruppenbewegungen gemeinsam mit der Kommunikation zu betrachten.

Vielfach sind ja bereits GPS-Sender im Einsatz, um Wanderwege, Migrationsrouten oder Reviergänge zu verfolgen. Mittlerweile können auch physiologische Daten wie Herzfrequenz oder Körpertemperatur des Tieres mit speziellen Speichereinheiten, sogenannten Datenloggern, aufgezeichnet und übertragen werden. Es gibt Aktivitätssensoren, Bewegungsmuster können festgestellt und die Umgebungstemperatur kann gemessen und übermittelt werden. Man kann an den Geräten kleine Mikrofone anbringen, die zusätzlich das Lautverhalten dokumentieren. Wenn all diese Daten mit der Kommunikation verbunden werden, lässt sich sehr viel über das Leben der Tiere herausfinden.

Die technischen Möglichkeiten haben allerdings auch Grenzen. Je mehr Sensoren man auf ein Tier packt, desto problematischer wird es. Der limitierende Faktor ist immer die Energieversorgung. Datensammeln kostet Energie und je mehr Energie man benötigt, desto größer dimensioniert müssen die Batterien sein. Irgendwann steht man dann vor einem Gewichtsproblem. Die Sensoren an sich sind sehr leicht, in Kombination mit den Batterien und anderen Hardwarekomponenten (Halsbandmaterial, Gussteile) summiert sich das aber. Es ist von der Art und dem Individuum abhängig, wie viel Gewicht man dem Tier zumuten kann.

Derzeit wird intensiv an der Entwicklung solcher Sender geforscht. Auch daran, Solarpanele an ihnen anzubringen, um die Geräte dauerhaft und ohne Akkus mit Energie zu versorgen. Bei Elefanten klappt das aber zum Beispiel nicht – dazu nehmen sie einfach zu gern ein Schlammbad! Bei anderen Tieren hingegen ist das durchaus eine Option.

Trotz dieser Schwierigkeiten ist das Besendern von Tieren meiner Meinung nach auch in der Bioakustik ein zukunftsweisender Weg. In meiner Arbeitsgruppe tüftelt vor allem Anton Baotic daran, wie man am besten die Mikrofone an Sendern von Giraffen, Geparden und Elefanten anbringt. In Zukunft werden die GPS-Halsbänder immer leichter werden und über eine größere Speicherkapazität verfügen. Dank der fortschreitenden technologischen Entwicklungen werden spektakuläre Einblicke in das – noch – geheime Leben von Tieren möglich werden.

5

# DER ZOO ALS LABOR

Erkenntnisse in „geschützter“ Umgebung

Der erste wissenschaftliche Artikel ist immer der schwierigste. Als junge Doktorandin musste ich mich erst im Wissenschaftsbetrieb etablieren. Das wissenschaftliche Publizieren – diese spezielle Art zu schreiben und seine eigene Arbeit darzustellen – muss man wie vieles andere auch erst erlernen. Dieser Lernprozess ist zum Teil sehr frustrierend, denn die Gutachter von wissenschaftlichen Zeitschriften können sehr streng sein. Mir ist es jedoch gelungen, meine erste Publikation in *Nature*, dem in den Naturwissenschaften angesehensten Journal überhaupt, zu platzieren. Das ist auch Calimero zu verdanken – einem Elefanten mit einem besonderen Talent.

## Wie Calimero mich verblüffte

Ich lernte Calimero Anfang der Nullerjahre im Zoo Basel kennen, er war damals etwa fünfundzwanzig Jahre alt. Zum ersten Mal in meinem Leben stand ich einem richtig großen Bullen gegenüber. Calimero hatte einen riesigen, breiten Schädel, er bestand auf den ersten Blick nur aus Kopf. Ich war fasziniert, denn er war um vieles größer als die Weibchen, mit denen ich im Tiergarten Schönbrunn bisher hauptsächlich zu tun gehabt hatte. Es ist bekannt, dass männliche Elefanten nicht so kommunikativ sind wie weibliche Tiere, deshalb wollte ich auch in Basel vorrangig mit den Weibchen arbeiten. Doch deren Laute hatte ich recht schnell eingefangen und irgendwie zogen mich meine jugendliche Neugier und der Ehrgeiz zu Calimero. Dabei war er mir anfangs nicht einmal wirklich sympathisch. Es konnte schon einmal vorkommen, dass der Bulle Äste oder Steine nach den Zoobesuchern oder auch mir warf, und die Pfleger mussten darauf achten, dass nichts Wurftaugliches in seinem Außenbereich lag.

Calimero hatte in seinem Leben schlechte Erfahrungen mit Menschen gemacht. Über ein Tierhandelsunternehmen in der Nähe von Hannover, das bis ins zwanzigste Jahrhundert exotische Tiere – und auch Menschen – nach Mitteleuropa brachte, kam er 1982 mit Zwischenstation im Zoo Gelsenkirchen in den Zoo von Rom. Er war damals zwei Jahre alt, Elefanten sind da eigentlich noch Kleinkinder und milchabhängig. Damals fanden aber im südlichen Afrika viele „Culling-Aktionen" statt: Erwachsene Tiere wurden abgeschossen, um eine zu starke Vermehrung der Elefanten in bestimmten Regionen zu verhindern. Diese Strategie wird heute von Fachleuten sehr kritisch gesehen. Damals wurden oft die Jungtiere am Leben gelassen und nach Europa oder in die USA verkauft. Calimero war einer davon.

Als ich ihn dann in Basel einmal in der Innenanlage beobachtete, bemerkte ich plötzlich etwas höchst

Ungewöhnliches: Er artikulierte kurze Laute, in Sequenzen aneinandergereiht. So etwas hatte ich von einem Afrikanischen Elefanten noch nie gehört. Ich stand damals zwar erst ganz am Beginn meiner Forschungsarbeit, war auch noch nie in Afrika gewesen und hatte kaum Praxiserfahrung. Aber ich hatte dafür sehr viel gelesen, viele Tonaufnahmen gehört. Calimeros Laute, wenngleich tiefer und krächzender, erinnerten mich sehr an die hochfrequenten Quietschlaute Asiatischer Elefanten.

**Hörprobe**

Hier hören wir zuerst die hohen Quietschlaute eines Asiatischen Elefanten. Wie kommt es, dass Calimero, der große Afrikanische Bulle, ähnliche kurze Laute von sich gibt?

Ich war verblüfft und begann zu recherchieren. Dabei fand ich heraus, dass Calimero in Rom achtzehn Jahre lang tatsächlich nur mit Asiatischen Elefanten zusammengelebt hatte. Immer noch war ich unsicher, welche Entdeckung ich da gemacht hatte. Ich beschloss, Joyce Pool, eine renommierte Elefantenforscherin, zu kontaktieren. „Kennen Sie diese Laute?“, fragte ich sie in meiner

Nachricht und teilte ihr auch meine Vermutung mit, dass Calimero die Laute Asiatischer Elefanten imitierte. Pools Antwort: Sie glaube, ich habe da etwas Großartiges herausgefunden. Gerade arbeite sie an einer Publikation, die sich genau mit diesem Thema beschäftigt. Ob ich nicht mit ihr gemeinsam den Artikel in *Nature* einreichen wolle? Was für eine Frage!

## Nah am Menschen: Der Zoo als Labor für uns Verhaltensforscher

Der Zoo ist für die Verhaltensforschung heute eine Art Labor. In diesem überschaubaren Setting ist es natürlich viel einfacher, ganz nah an Tiere heranzukommen – man braucht sie nicht erst in der Savanne oder im Regenwald aufzuspüren. So wie meine Entdeckung, die 2005 mitbelegte, dass Elefanten zur Lautimitation fähig sind, überrascht uns die Arbeit mit den Zootieren immer wieder mit neuen Erkenntnissen – ob in der Tiermedizin oder in der Verhaltensforschung.

Auch dass Elefanten Infraschall produzieren, entdeckte Katy Payne, eine andere große Elefantenforscherin, in den Achtzigerjahren in einem Zoo. Sie war es, die später das „Elephant Listening Project“ an der Cornell University in New York gründete, das sich mit den Afrikanischen Waldelefanten beschäftigt, den kleiner gewachsenen Verwandten des Savannenelefanten. Payne beschreibt, wie sie in einem Zoo einmal direkt neben einem Asiatischen Elefanten stand, als dieser vokalisierte – und sie ein Vibrieren spürte. Ein Vibrieren, das sie aus der Kirche kannte, wenn sie dort neben einer der ganz großen Orgelpfeifen stand. Dieses Erlebnis veranlasste sie, nach Frequenzen im Infraschallbereich zu suchen – wobei sie entdeckte, dass Rumble-Laute Anteile im Infraschallbereich haben. Für diese bahnbrechende Erkenntnis spielte also die unmittelbare Nähe zum Tier eine wichtige Rolle.

Aus wissenschaftlicher Sicht sind Zoos und andere Haltungssysteme wie Reservate, Tierwaisenhäuser oder Auffangstationen für verletzte oder ausgesetzte Tiere so nützlich, weil sie nahezu frei von „Störfaktoren“ sind – jedenfalls sind Situationen oder Störgeräusche besser unter Kontrolle. Besonders gute Bedingungen für meine Arbeit finde ich in Auffangstationen, im internationalen Sprachgebrauch „Sanctuarys“, vor: Dort leben Elefanten in ihrem eigentlichen Habitat statt in einem Gehege. Sie sind mit ihren Betreuern im Reservat unterwegs und können sich – anders als Zootiere – in einem großen Gebiet frei bewegen, ihrem ganz natürlichen Verhalten nachgehen. Dennoch sind sie an die Anwesenheit von Menschen gewöhnt.

Die Forschung in freier Wildbahn ist großartig und aufregend, aber auch schwierig und langwierig, weil es viele Einflussfaktoren gibt, die wir nicht regulieren können. In einem Reservat hingegen herrschen zwar naturähnliche Bedingungen für die Tiere, aber sie sind vom Menschen kontrolliert.

Das zeigt folgendes Beispiel aus dem Sanctuary im südafrikanischen Bela-Bela, mit dem wir häufig zusammenarbeiten: Wir wollten dort die Unterschiede von Kontaktrufen und Begrüßungsrufen bei Elefanten genau bestimmen. Zu diesem Zweck teilten wir eine Elefantenherde in zwei kleinere Gruppen auf und brachten sie zum Fressen für zehn bis fünfzhen Minuten außer Sichtweite. Mein Kollege Anton Baotic begleitete die eine Gruppe, ich blieb bei der anderen. Es dauerte nicht lange, da fingen die Tiere an, sich regelmäßig ihre tiefen Kontaktrufe zuzusenden. Die einen vokalisierten, dann, nach kurzer Pause, antworteten die anderen. Sie ließen einander also ausreden!

Durch die Simultan-Aufnahmen der Videos und des Tons der beiden Gruppen konnten wir uns ziemlich sicher sein, dass es sich tatsächlich um Kontaktrufe handelte. Bei demselben Experiment in freier Wildbahn wäre das viel schwieriger. Die Elefanten könnten etwa auch auf den entfernten Laut eines ganz anderen Artgenossen antworten, für sie wie für uns außer Sichtweite. Oder reagiert das Weibchen vielleicht auf das Kalb direkt neben ihm? Vokalisiert das Tier einfach so, um ein „Gespräch“ anzufangen? Sehr sinnvoll ist es deshalb, die Forschung an

Tieren in Zoos und Reservaten mit der an freilebenden Tieren zu kombinieren.

## Das Rätsel der summenden Giraffen

Giraffen sind unauffällige Tiere. Nicht gerade in ihrer Statur, aber in ihrem Wesen und in ihrer Art zu kommunizieren. Der stärkste Sinn der Giraffe ist der Sehsinn, für sie zählen optische Signale. Je nachdem, ob etwa die Ohren des Gegenübers nach hinten oder vorne gewandt sind, hat dies eine bestimmte Bedeutung. Giraffen können auf eine Distanz von 1,4 Kilometer einen Artgenossen erkennen und jedes Tier hat auch sein individuell-charakteristisches Fleckenmuster. Diese Nuancen sind so fein, dass wir Menschen in der Regel gar nicht darauf achten.

Es existierten Gerüchte, dass Giraffen – ähnlich wie Elefanten – Infraschalllaute produzieren. Dieser Mythos hielt sich, weil man sie praktisch nie vokalisieren hört und sich nicht vorstellen konnte, dass soziale Säugetiere wie Giraffen gar nicht akustisch kommunizieren. Mein Team und ich wollten deshalb mehr über die Laute dieser Tiere erfahren. Das Equipment, um die „geheime Sprache“ der Giraffen zu erforschen, war vorhanden und eine Masterstudentin sammelte in meinem Auftrag im Jahr 2010 sehr viel Tonmaterial. Sie war dafür monatelang in verschiedenen Institutionen unterwegs und hatte sogar das große Glück, bei einer Giraffengeburt dabei zu sein. Ihre Ausbeute war jedoch etwas ernüchternd: Sie fand keine Laute, die den tiefen harmonischen Lauten der Elefanten ähnelten.

Ich begann an der Hypothese, Giraffen produzierten Infraschall, zu zweifeln. In all den Monaten der Beobachtung hatte die Studentin rund zwanzig Laute aufgenommen – also tatsächlich nur zwanzig Gelegenheiten wahrgenommen, bei denen die Tiere vokalisierten. Das war wenig zufriedenstellend und gab uns zu denken: Ist es möglich, dass Giraffen die akustische Kommunikation tatsächlich so gut wie nicht verwenden? Können sie sich wirklich immer auf ihren Sehsinn verlassen? Auch in der Nacht?

Mein Kollege Anton Baotic und ich hatten die Idee, mit unserem autonomen Rekorder während der Nachtstunden im Giraffenstall aufzunehmen – im Tiergarten Schönbrunn, im Tierpark Berlin und im Zoo von Kopenhagen. Als die Aufnahmen gesichert waren, sichtete Anton die Spektrogramme. Ein Spektrogramm ist eine bildliche Darstellung eines Schallereignisses, wobei die Frequenz gegen die Zeit aufgetragen wird. Es lassen sich damit die einzelnen Frequenzen, aus denen ein Signal besteht, auslesen. Und da waren sie: In den knapp tausend Aufnahmestunden entdeckte er harmonische, lang gezogene, tiefe Laute, etwa hundert davon.

Das sind – gemessen an anderen Tierarten – immer noch nicht viele Lautäußerungen und sie passierten auch nicht regelmäßig. Aber es handelte sich definitiv um Giraffenlaute: In den drei Ställen waren sonst keine Tiere untergebracht, und die Laute waren einander sehr ähnlich. Hatte tatsächlich noch niemand vor uns so etwas gehört?

**Hörprobe**

Fast tausend Aufnahmestunden hat es gedauert, bis Angela Stöger und ihr Team diese „Humming" genannten nächtlichen Laute von Giraffen entdeckten

In unserer wissenschaftlichen Publikation beschrieben wir die nächtlichen Laute als ein „Humming", also ein Summen. Sie sind dabei mit ihren Grundschwingungen von fünfzig bis hundert Hertz für uns Menschen relativ gut hörbar – bewegen sich also nicht im Infraschallbereich. Das ist aber auch schon alles, was wir darüber wissen: Die Bilder der Nachtaufnahmen waren leider nicht gut genug, um darauf zu erkennen, welche Giraffe vokalisiert. Es ist möglich, dass die Tiere dafür nicht einmal das Maul öffnen. Wir können auch nicht sagen, wie oder warum sie das tun – weil sie in ihrer Sicht eingeschränkt sind? Das könnte in dunklen Nächten, aber auch in unübersichtlichem Gelände der Fall sein.

Durch solche Erkenntnisse wandelt sich die Einschätzung von Giraffen – sie werden von Statisten der Savanne zu Akteuren. Man fand heraus, dass sie sehr wohl auch soziale Gruppen bilden. Ähnlich den Elefanten sind das „Fission-Fusion-Gemeinschaften", die etwa untertags unterschiedliche Fressplätze aufsuchen, gegen Abend aber zur Nachtruhe wieder zusammenkommen. Es scheint auch Giraffen-Kindergärten zu geben. Das konnte ich sogar schon selbst einmal beobachtet: Oft trifft man eine kleine Gruppe, bestehend aus mehreren Jungtieren mit ein oder zwei Weibchen. Die anderen Mütter fressen etwas abseits in Ruhe.

Giraffen als Savannenbewohner haben es gar nicht so einfach. Um zu schlafen, muss die Giraffe sich hinlegen und ihren langen Hals um den Köper biegen, die Kopfspitze ruht auf dem Boden. Im Liegen ist die Giraffe verwundbar, denn es dauert, bis sie ihren riesigen Körper, den langen Hals und ihre langen Beine „entknotet" hat und aufstehen kann. Die Evolution hat dieses Problem aber auf ihre Art gelöst: Die Tiere schlafen sehr wenig, maximal zwanzig Minuten pro Tag. Der Tiefschlaf dauert überhaupt nur wenige Minuten. Meistens dösen sie im Stehen vor sich hin.

Giraffen leben in sogenannten „Fission-Fusion“-Gemeinschaften: Manchmal trennen sie sich, um etwa Futter zu suchen, für die Nachtruhe kommen sie aber stets wieder zusammen

Wie Wildtiere leben, wie sie ihre Tage verbringen, was und wie oft sie fressen – all das ist verhaltensbiologisch relevantes Wissen, das auch enormen Wert für jede

Art von Tierhaltung hat, insbesondere aber für den Zoo. In der Chronobiologie etwa wird die Aktivität von Tieren genau beobachtet: Welchen Tag-Nacht-Rhythmen folgen sie – auch in Verbindung mit den Mondphasen? Das ist im Zoo deshalb wichtig, weil dort manchmal versucht wird, nachtaktive Tiere dauerhaft umzugewöhnen, damit die Besucher sie tagsüber „erleben". Wenn überhaupt, muss das sehr behutsam passieren: Unregelmäßiger Schlaf kann sich – wie bei uns Menschen Studien mit Schichtarbeitern zeigen – auf die Gesundheit schlagen. Stress verschiedenster Art lässt auch Zootiere schlechter schlafen.

Für Tiere in menschlicher Obhut, die – anders als ihre freilebenden Artgenossen – keine Entscheidungen treffen oder abwandern können, haben wir eine besondere Verantwortung. Treten in einer Gruppe plötzlich mehr Stresslaute auf, kann das darauf hinweisen, dass ihr Sozialgefüge ins Ungleichgewicht gekommen ist und sich die Gruppendynamik verändert hat. Ein junges Männchen wird vielleicht dominanter und meint, seinen Platz an der Spitze einnehmen zu wollen; das alte kann nicht abwandern. In solchen Fällen muss das Management natürlich eingreifen. Es sind und bleiben Bedingungen im Zoo, unter denen die Tiere ihr natürliches Verhalten – bei allen Bemühungen – nur bedingt ausleben können.

## Zur Belohnung einen Mehlwurm: Verhaltenstraining als Denksport

Um das zu kompensieren, bemühen sich viele wissenschaftlich begleitete Tierhaltungen, Zootiere durch „Enrichment" zu beschäftigen: Die Tiere bekommen zum Beispiel ihr Futter nicht einfach in einem Napf hingestellt. Braunbären etwa müssen sich ihre Gurken und Karotten aus Astgabeln oder morschen Baumstümpfen holen. Beim „Scent Enrichment" legen die Betreuer für die Bären ein paar Kotkügelchen von der Antilope aus der Nachbaranlage im Gehege aus. Das stimuliert sie olfaktorisch und mental, animiert sie zum Riechen, daran Reiben, danach Graben. Denn Langeweile ist eines der schlimmsten Dinge, mit ihr treten häufig Verhaltensstörungen auf.

In modernen Zoos sieht man immer weniger dieser Störungen, weil einerseits die Gehege mehr Struktur bekommen und sich die Tierpflege – insbesondere dank der Erkenntnisse aus der Verhaltensforschung – in den vergangenen Jahren stark gewandelt hat. Bei aller Skepsis, die mit der Haltung von Tieren in Zoos verbunden ist: Es besteht eine durchaus fruchtbringende Verbindung zwischen Wissenschaft und Zootierhaltung: Einerseits gewinnt die Wissenschaft aus der unmittelbaren Beobachtung und dank Experimenten wichtige Erkenntnisse, die nur durch den nahen Kontakt mit

Zootieren möglich sind. Andererseits tragen diese Aufschlüsse wiederum zu einem besseren Verständnis und einer tiergemäßeren Haltung in Zoos bei.

Auch Training, die kognitive Beschäftigung von Tieren, ist eine Form von Enrichment und ist auch praktisch von Nutzen. Denn es ist grundsätzlich wichtig, dass man mit Tieren stressfrei arbeiten und umgehen kann – ob zu Hause, im Tierheim, in einer Aufzuchtstation oder eben im Zoo. Ein Elefant zum Beispiel braucht ab und zu eine Fußpflege. Ihm müssen die Nägel gefeilt werden, weil diese in einem Gehege nicht in gleichem Maße abgenützt werden wie in freier Wildbahn. Die Tierärztin muss den Tieren Blut abnehmen oder sie impfen können. All das klappt nur mit regelmäßigem Training.

Dieses Training ändert sich mit neuen Erkenntnissen. Wir wissen mittlerweile, dass es gut über positive Verstärkung, „Positive Reinforcement“ – einem Prinzip aus der Psychologie –, funktioniert. Für die Tiere bedeutet das, sie erhalten ihre Lieblingsleckerlis, wenn sie im Training etwas so machen, wie die Trainerin sich das vorstellt.

Zootiere bekommen auch aus diesem Grund öfter Besuch von Tierarzt oder -ärztin: Manchmal sind sie nur da, um das Tier zu streicheln und auch einmal einen positiven Eindruck zu hinterlassen. Sie piksen nicht immer. Mit dem Hund zu Hause kann man natürlich nicht jede Woche zum Tierarzt gehen. Das ist der Grund, warum meine beiden immer schrecklich zittern, wenn wir im Wartezimmer sitzen.

Was hingegen bei Zoo- wie Haustieren gleichermaßen klappt, ist das Klickertraining. Dabei wird ein Geräusch – meist handelt es sich um das eines Knackfrosch-ähnlichen Klickers – mit einer Belohnung verbunden. Diese Art der Konditionierung ist bei nahezu jedem Tier anwendbar, beim Huhn – darüber werden wir später noch mehr erfahren – genauso wie bei der Giraffe. Der Klicker ist das belohnungsankündigende Signal und dient als sekundärer Verstärker, Futter ist bei so gut wie jedem Tier der primäre Verstärker des Verhaltes. Aber auch hier gibt es leicht unterschiedliche Methoden. Oft wird der Klicker auch als Markierung verwendet, er markiert dann mit dem Klick-Geräusch den exakten Zeitpunkt des richtigen Verhaltens.

Kombiniert wird der Klicker oft noch mit einem „Target", das ist zum Beispiel ein Stab, auch „Targetstick" genannt, oder auch die Hand des Trainers. Das Tier lernt, mit einem Körperteil, üblicherweise Nase oder Pfote, dieses Target zu berühren. Bewegt man den Stick vom Tier weg, soll es ihm folgen.

Am Department für Verhaltens- und Kognitionsbiologie der Universität Wien, wo ich forsche, haben wir den Totenkopfäffchen beigebracht, eine Hand aus dem Käfig herauszustrecken. Wozu denn das? Unter den Totenkopfäffchen wird viel gestritten und gebissen, immer wieder müssen Wunden mit Blauspray oder Betaisodona-Lösung behandelt werden. Manchmal muss man ihnen auch einfach Blut abnehmen. Und es ist ein großer Unterschied, ob ich dafür das Tier mit dem Kescher einfangen muss oder ob es sich freiwillig zu mir an den Käfigrand hinhockt. Daher plädiere ich für gutes Training, um Stress zu reduzieren – nicht nur bei Elefanten und anderen Großsäugern. Mit genügend Geduld kann man tatsächlich jedes Tier trainieren.

Auch für Experimente zu Denken und Wahrnehmung der Tiere setzen wir solches Training ein. Am Department für Verhaltens- und Kognitionsbiologie leben vorwiegend Vögel, Kleinsäuger und Kleinaffen. Manche Tiere, vor allem die Äffchen, kommen sehr gerne zum „Arbeiten" und wären für eine Aufgabe oft sogar gerne zweimal an der Reihe. Als Belohnung gibt es einen besonderen Leckerbissen: Mehlwürmer. Dafür sollen sie etwa auf einem Touchscreen Formen erkennen, zum Beispiel einen Kreis von einem Viereck unterscheiden.

Das testen wir folgendermaßen: Die Äffchen werden erst auf den Kreis konditioniert, das heißt, sie erhalten immer einen Mehlwurm, sobald das Symbol „Kreis" erscheint, so lange, bis sie diese beiden Signale – Kreis bringt Mehlwurm – miteinander verbinden. Dann bekommen sie einen Kreis und eine andere Form – zum Beispiel ein Viereck – gemeinsam präsentiert:

Entscheiden sie sich dann immer noch und wiederholt für den Kreis, bestätigt das ihre „Diskriminierungsfähigkeit“, so der Fachbegriff. Es gilt dann als bewiesen, dass sie Kreis und Viereck auseinanderhalten können.

Manchmal wird im Training auch etwas Neues gelernt, ein neues Verhalten „eingefangen“. So beginnt man die Übungen vor allem mit Jungtieren. Wenn sie sich im Spiel einmal hinlegen, klickert der aufmerksame Trainer sofort und belohnt. Bei Wiederholung verstehen die Tiere sehr schnell: Aha, dieses Hinlegen ist offenbar erwünscht und bringt mir eine Belohnung ein! Irgendwann wird dann die Bewegung mit einem Kommando verbunden. Die Tiere bieten also ein Verhalten an, Trainerin oder Trainer fangen es ein.

Das funktioniert auch bei Lautäußerungen, beispielsweise wenn einem Tier zufällig ein ungewöhnlicher Laut entfährt, etwas, das vielleicht nicht im natürlichen Repertoire vorkommt. Die aufmerksame Tiertrainerin bestätigt das Verhalten sofort mit einer Belohnung. Der Laut ist am Beginn dann vielleicht noch recht leise, doch nach und nach wird nur eine lautere Variante bestätigt. So lassen sich Vokalisationen sogar in gewisse Richtungen formen und für die Forschung verwenden.

Variationen beim Training steigern jedenfalls die Aufmerksamkeit. Wird das Training hingegen monoton, etwa weil die Trainer jeden Tag dieselben Aufgaben stellen, erfüllt das den eigentlichen Zweck nicht mehr:

Abwechslung in den Alltag zu bringen und in menschlicher Obhut gehaltene Tiere auszulasten.

## Die Biografie der Tiere: Calimeros Lebensgeschichte

Calimero, der Elefantenbulle, der mir zu meiner *Nature*-Publikation verhalf, lebt heute in einem Safaripark im niederländischen Beekste Bergen. Er ist mittlerweile vierzig Jahre alt und hat Anschluss an mehrere Weibchen gefunden. Elefanten können in diesem Alter noch gut zehn bis zwanzig Jahre vor sich haben. Blickt man aus wissenschaftlicher Perspektive auf ihn, könnte man einfach sagen: Er war ein besonderes Exemplar seiner Spezies, ein Forschungssubjekt, das zum Erkenntnisgewinn beigetragen hat. Blicke ich aus meiner Perspektive auf ihn, bin ich im Zwiespalt: Aus Prinzip schreibe ich auch in wissenschaftlichen Publikationen immer, wenn ich mich auf ein spezielles Tier beziehe, dessen Namen und verwende die Pronomen „er“ oder „sie“, und nicht „es“, wie es übliche Praxis ist.

Für mich sind Tiere immer Individuen, Persönlichkeiten mit Gefühlen und Charakter. Ich sehe daher auch die Tragik in Calimeros Schicksal: Als Elefantenkind kam er in eine fremde Gruppe, bemühte sich dort wohl – seine Lautimitation wäre ein Indiz dafür –, Anschluss

Heute lebt Calimero, der große Bulle mit der ungewöhnlichen Imitationsfähigkeit, in einem niederländischen Safaripark

zu finden, wurde dann aber in einen anderen Zoo mit Afrikanischen Elefanten gebracht.

In vielen Zoos werden heute zum Glück die Sozialbindungen der Tiere – jedenfalls bei Elefanten und anderen sehr sozialen Tieren – berücksichtigt. Früher wurden junge Elefantenbullen oft mit der gut eingewöhnten Mutter nach wenigen Jahren ausquartiert, weil sie für Unruhe in der Gruppe sorgen – und weil Elefantenbullen nun mal nicht bei der mütterlichen Herde bleiben. Dies passierte meist schon mit fünf oder sechs Jahren. Das ist für Elefantenbullen aber zu früh, um die Herde zu verlassen, darum mussten die Mütter mit. Häufig führte das dazu, dass nun die Mütter Probleme hatten, sich in die neuen Gruppen zu integrieren.

Heute versucht man vormals getrennte Familienmitglieder, primär Weibchen, wieder zusammenzuführen. Ich kenne das Beispiel von zwei Elefantendamen, die nach gemeinsamen Jahren im Zirkus ein halbes Jahrhundert lang getrennt waren und sich beim Wiedersehen sofort erkannten, berüsselten und sich mit vielen Lauten und Berührungen sehr emotional begrüßten. Diese zwei süßen, runzeligen, alten Elefantendamen sind jetzt ein Herz und eine Seele und unzertrennlich.

Auch bei Schwertwalen sind solche Begebenheiten nachgewiesen: Die meisten der derzeit in Aquarien lebenden Tiere sind Wildfänge, die als Jungtiere von ihren Familien getrennt wurden. Oder es handelt sich um im Aquarium geborene Jungtiere, die in andere Parks transportiert werden. Als einmal ein in Sea World geborenes Jungtier nach vier Jahren von seiner Mutter getrennt wurde, begann diese in der Nacht am ganzen Körper zu zittern und unaufhörlich laut zu rufen. Obwohl mich der Schwertwal als Kind so faszinierte, als ich mit meiner Familie in Sea World war, erinnere ich mich noch heute an meine kindlichen Emotionen. Schon damals spürte ich intuitiv, dass dieser Wal nicht in ein Aquarium gehört.

Solche Nachweise von emotionalen Reaktionen von Tieren, die heute schon in größerer Zahl und wissenschaftlich fundiert vorliegen, müssen eine Diskussion anregen. Wir müssen nicht nur auf das gesundheitliche, sondern auch auf das – vermenschlicht ausgedrückt – seelische Wohl der Tiere achten. Soziale Bindungen müssen in Managemententscheidungen genauso einfließen wie Überlegungen, die für die Zucht und die genetische Vielfalt relevant sind. Denn sie sind für das einzelne Tier von Bedeutung, für das wir Menschen die Verantwortung tragen.

Calimero konnte ich mit meiner Forschungsarbeit nicht unmittelbar helfen. Aber seinen Artgenossen, die alle ihre ganz persönlichen Lebensgeschichten haben, vielleicht schon: indem ich die seine erforschte und davon erzähle. Jede Art der Forschung in Zoos ist wichtig für den Fortschritt und die Verbesserung von Tierhaltungssystemen jeder Art. Nicht nur in Zoos, sondern insbesondere in der Nutztierhaltung wäre eine Sensibilisierung für die Bedürfnisse der Tiere essenziell.

6.

# WORÜBER TIERE MITEINANDER SPRECHEN

Je sozialer, desto vokaler?

Ich hätte nie geglaubt, wie unfassbar laut diese winzigen Pandababys schreien können. Wie bei allen Bären bringt die Bärin spärlich behaarte, fast nackte Winzlinge zur Welt. Etwa zwölf Zentimeter sind sie groß, eine Handvoll Bär, blind und taub. Bei den Pandas kommen meistens Zwillinge zur Welt – und es hat einen guten Grund, warum sie so laut schreien können: Es kann für sie überlebenswichtig sein. Das Junge muss auf sich aufmerksam machen, wenn ihm kalt ist, es vom Bauch der Mutter hinuntergerutscht ist und am Boden liegt, denn es braucht ihre Wärme.

**Hörprobe**

Als Babys schreien Pandas wirklich laut – nicht ohne Grund, es geht um ihr Überleben

Im Umkehrschluss heißt das aber auch: Vokalisiert das andere Junge leise oder gar nicht, wird es womöglich vernachlässigt und stirbt. Die chinesischen Panda-Zuchtstationen versuchen so effektiv wie möglich auszuhelfen: Sofort nach der Geburt kommt eines der Babys in den Brutkasten, das andere bleibt bei der Mutter in einer „Geburtsbox". Jede

Nur rund zwölf Zentimeter sind Pandabären bei ihrer Geburt groß, blind und fast nackt. Umso wichtiger ist es für sie, durch ihre Laute auf sich aufmerksam zu machen

Woche tauschen die Kleinen ihre Plätze. Wir haben mit solchen wenige Tage oder Wochen alten Pandababys im Inkubator gearbeitet und ihre Laute aufgenommen.

Es ist bemerkenswert: Haben sie Hunger, schreien und weinen sie auf eine Art, die einem Menschenbaby sehr ähnlich ist. Die Laute haben eine Frequenz von etwa fünfhundert Hertz. Je gestresster die Kleinen sind, desto lauter, aber vor allem auch unruhiger ihre Stimme – wie bei uns Menschen. Dann befinden sich nämlich mehr „chaotische Anteile" im Laut, die Stimme wird dadurch als durchdringender und unangenehmer wahrgenommen, besonders von der Mutter. Von jeder Mutter, auch von mir.

**Hörprobe**

Wenn Pandababys hingegen eine kleine Bauchmassage bekommen, erinnern sie wie hier an sanft schnurrende Katzen

In ruhigeren Situationen klingen die kleinen Pandas, als würden sie schnurren: wenn etwa ein Pfleger den Bauch des Jungen mit einem warmen Wattebausch massiert. Das ist nicht als Wellness-Behandlung gedacht, sondern soll die Babys zum Koten anregen und wird ansonsten von der Panda-Mama erledigt, indem sie das Junge abschleckt. Wenn die Jungtiere dann nach wenigen Wochen aus der Geburtsbox kommen, ist ihre lautaktive Zeit aber auch schon wieder vorbei.

Ob Braun-, Eis- oyr Pandabären – der Nachwuchs bleibt üblicherweise recht lange bei der Mutter, in Zoos bemüht man sich um zwei gemeinsame Jahre. In den chinesischen Zuchtbetrieben werden die Pandajungen schon nach sechs Monaten von der Mutter getrennt, damit die Bärin rasch wieder gedeckt werden kann. Dort herrscht ein streng geregelter Geburtenzyklus, wie wir ihn bei uns von Nutztieren wie Schweinen oder Kühen kennen. In einer beinahe industriellen Routine kommen die Jungbären dann erst in Panda-Kindergärten; die größeren Tiere werden gegen hohe Summen an andere Länder „verpachtet". Die Nachfrage ist da: Zoos in aller Welt reißen sich um die schwarz-weißen Bären, von denen es nur mehr knapp zweitausend frei lebende Exemplare gibt. Schon seit Jahrhunderten werden sie – in erster Linie wegen ihres Pelzes – gejagt. Dazu kommt, dass ihr Lebensraum, die Bambuswälder Chinas und Myanmars, immer kleiner wird.

Manchmal frage ich mich, wenn auch mit einem Augenzwinkern, wie die Großen Pandas überhaupt – evolutionär gesehen – überleben. Sie sind sehr tollpatschig. Bären sind eigentlich Omnivoren, Allesfresser, aber Pandabären ernähren sich fast ausschließlich von einer einzigen, sehr nährstoffarmen Pflanze: Bambus. Viele Stunden verbringen sie damit, im Sitzen zu fressen. Aktiv sind sie hauptsächlich, wenn es dämmert oder nachts. Den Tag verschlafen sie gern in Baum- oder

Felshöhlen. Sie sind Einzelgänger, alles andere als sozial. Selbst wenn sie in ihren hektargroßen Revieren auf einen Artgenossen treffen, gehen die Tiere einander eher aus dem Weg. Sie führen also – in jeder Hinsicht – ein recht ruhiges Leben. Als Anpassung an ihren ursprünglichen Lebensraum ist das offenbar sinnvoll.

Und doch gibt es eine Ausnahme: Kommt nämlich der Frühling und damit die Paarungszeit, beginnt die einzig „laute" Zeit im Leben erwachsener Pandas. Sowohl beim Werben als auch während der Paarung selbst wird vokalisiert wie verrückt. Die beiden Bären sind plötzlich sehr gesprächig, teilen einander offenbar viel mit, ihre Laute sind stark ausdifferenziert: Es gibt ein hochfrequentes Zwitschern, aber auch ein tieferes Brummen, sie blöken und bellen. Was konkret diese Laute bedeuten, ist leider noch weitgehend unklar. Der Kognitionsbiologe Benjamin Charlton, der auch zu Koalas geforscht hat, hat die Panda-Paarung akustisch analysiert: Die Laute scheinen das Verhalten von Männchen und Weibchen zu synchronisieren. Sie zeigen außerdem an, dass beide Tiere an der Paarung interessiert sind und nicht etwa eine Auseinandersetzung suchen.

## Angst, Gefahr und der Ruf nach Hilfe: Universale Gesprächsthemen

Ob es sich nun generell um eine eher gesprächige Tierart handelt oder um eher schweigsame Artgenossen – in bestimmten Situationen geben fast alle Lebewesen Laute von sich: Angst, drohende Gefahr und der Ruf nach Hilfe – auf diese drei grundlegenden Lautäußerungen können sich alle Sprachen, auch die der Tiere, verständigen. Wichtig ist das insbesondere für die Kleinsten: Mütter aller Tierarten, die sich um ihren Nachwuchs kümmern, also Brutpflege betreiben, kommunizieren mit ihren Jungtieren. Nilkrokodilmütter zum Beispiel bewachen das Nest und beschützen die Jungen in den ersten Lebensmonaten. Tatsächlich erhöhen junge Nilkrokodile ihre Überlebenswahrscheinlichkeit in den ersten Lebenstagen, indem sie sich bereits im Ei durch Rufe bemerkbar machen.

**Hörprobe**

Noch vor dem Schlüpfen aus dem Ei sind sie zu hören: die „Umph-umph"-Laute von Krokodilbabys

Die kurz vor dem Schlüpfen gut hörbaren „Umph-umph"-Laute sollen sicherstellen, dass alle Geschwister möglichst gleichzeitig ausschlüpfen, die Mutter sie bewacht und teilweise sogar, überraschend zärtlich, ins Maul nimmt und zum Wasser trägt.

An so einem „Hilferuf" Stress zu erkennen – wie im Eingangsbeispiel mit dem Babygeschrei der Pandabären –, das gelingt uns Menschen sogar speziesübergreifend: Wir haben zu einer Studie Jungtierlaute von Großen Pandas und Elefanten beigesteuert, die menschlichen Probanden vorgespielt wurden. Andere Lautbeispiele kamen von Fröschen, Alligatoren, Raben, Hausschweinen, Berberaffen und von Menschen selbst. Bei den Lauten waren solche von Tieren beziehungsweise Menschen in gestresstem als auch in ungestresstem Zustand dabei. Es stellte sich heraus, dass die Probanden sehr gut imstande waren, nur anhand des Lautes den Grad der Aufregung des Tieres einzuordnen.

Wie die Lautkommunikation erfolgt, hängt dabei natürlich stark von der Lebensweise eines Tieres ab. Einzelgänger teilen sich anders mit als die Mitglieder einer sozialen Gruppe. Bei Afrikanischen Wildhunden, die im Rudel mit etwa zehn Artgenossen leben, gilt es ständig soziale Interaktionen zu moderieren. Vor der Jagd, während der Jagd und danach. Der Jagdruf, mit dem die Beutetiere zudem auch verwirrt werden sollen, ist einzigartig. Man hört ihn selbst während Fütterungen in Reservaten. Wer frisst, in welchem Abstand, wer darf hinzu oder wer erst später? Die

Tiere moderieren ihre soziale Interaktion, es wird ständig verhandelt. Die Unterlegenen geben – in geduckter Haltung – Beschwichtigungslaute von sich oder lecken die Lefzen der anderen. Diese wiederum drohen mit Knurren.

**Hörprobe**

Selbst während Fütterungen ist der einzigartige Jagdruf der Wildhunde zu hören

## Einsamer Panda vs. Zebraherde: Welche Lebensweise bringt mehr Vorteile?

Der einzelgängerische Panda auf der einen Seite, die Wildhundgruppe auf der anderen: Warum überhaupt leben manche Tiere im Rudel, andere allein? Aus Sicht der Verhaltensforschung ist das ein typisches Trade-off, ein „Zielkonflikt", bei dem Vor- und Nachteile gegeneinander abgewogen werden. Wir Menschen brauchen das Miteinander. Viele Säugetiere hingegen „entscheiden" sich selbst für die Isolation – aber die muss man sich auch leisten können. Fluchttiere wie Zebras oder Antilopen sind wiederum in der Gruppe geschützter.

Für Raubtiere ergibt ein Rudel nur in einer gewissen Größe Sinn: Jaguar oder Tiger sind nicht auf andere Raubkatzen angewiesen, sie jagen sehr erfolgreich allein. Leben Räuber in einer Gruppe, können sie zwar größere Beutetiere erlegen, es müssen aber auch alle Rudelmitglieder satt werden. Manche Tierarten legen sich da überhaupt nicht fest und es gibt unterschiedliche Sozialsysteme für Männchen und Weibchen.

Männliche Weißrüsselnasenbären etwa sind überzeugte Einzelgänger, während die Weibchen in Gruppen von bis zu dreißig Müttern mit ihren Jungtieren leben. Zwar müssen die Tiere in der Gruppe ihr Futter teilen, aber das nehmen sie in Kauf. Es scheint für sie der bessere Weg zu sein, als – auf sich allein gestellt – das Futter gegen ein größeres und stärkeres Männchen zu verteidigen, was meistens nicht gelingt. Ein weiterer Vorteil ist, dass Weibchen tatsächlich weniger häufig von Jaguaren gefressen werden als Männchen, eben weil sie durch die Gruppe mehr Tiere haben, die aufmerksam nach Feinden Ausschau halten. Dafür leiden die Weibchen häufiger an Parasiten, die durch den direkten Kontakt vieler Tiere leichter übertragen werden. Weibliche Nasenbären sind auch viel gesprächiger als männliche – eine Folge der Lebensweise. Denn natürlich gibt es in einer Gruppe mit vielen Jungtieren auch eine Menge „zu besprechen“ und zu koordinieren, um alle Tiere zusammenzuhalten.

## Wie kommuniziert der Elefant „Ich habe Angst"?

Wenn eine Tierart sich im Lauf der Evolution in eine bestimmte Richtung entwickelt, bedeutet das, dass sich ihre Lebensart als die für diese Lebensbedingungen wohl passendste bewährt hat. Auch das Kommunikationssystem wird diesen Gegebenheiten angepasst. Gerade sozialen Tierarten, etwa Elefanten, ist es wichtig, in Kontakt zu bleiben, wobei ihre Rumble-Laute individuell verschieden klingen und so eine Unterscheidung zulassen, welches Tier gerade „spricht".

Jeder Elefant hat seine charakteristische Stimme – das gilt jedoch nicht bei Stresslauten. Bei den sogenannten Roars – einem wirklich lauten Brüllen – scheint die Individualität in der Stimme unterdrückt. Wenn Elefanten in Not sind, kombinieren sie häufig Stresslaute mit den individuell erkennbaren Rumble-Lauten. Die Information „Das ist ein Notfall" wird durch einen Roar-Laut vermittelt – wobei auch das Stressausmaß den Ruf beeinflusst. Ein zusätzlicher Rumble-Laut verweist dann darauf, wer die Hilfe braucht. So weit jedenfalls die derzeitige Theorie. Ein Roar-Rumble könnte also bedeuten „Hilfe, ich", und ein Rumble-Roar-Rumble „Ich, Hilfe, ich".

Besonders gut im Kombinieren von Lauten sind jedoch unsere nächsten Verwandten, die Menschenaffen, insbesondere die Schimpansen. Über „Pant-hoot calls" teilen sie einander mit, wer sich wo mit wem im Wald aufhält. Der Pant-hoot-Ruf ist der häufigste und der am besten erforschte Ruf bei Schimpansen und individuell verschieden. Er dient der Kontaktaufnahme mit entfernten Gruppenmitgliedern.

**Hörprobe**

Um mit entfernten Gruppenmitgliedern Kontakt aufzunehmen, nutzen Schimpansen ihren bekannten „Pant-hoot call“

Der Ruf ist in vier verschiedene Phasen unterteilt. Die Eingangsphase beginnt mit ruhigen, niederfrequenten „hoo“-Rufen, die sich in der Aufbauphase zu immer schnelleren „hoot“-Rufen steigern. Es eskaliert dann in einem hochfrequenten Schreien und endet mit einem Abklingen der Rufe. Selbst im dichten Dschungel sind diese Rufe bis zu einem Kilometer weit zu hören. Zudem reklamieren die Tiere damit gute Futterplätze. Zur Begrüßung äußern Individuen leisere, aber wiederholende Laute, sogenannte Pant-grunts, die auch mit vielen Gesten kombiniert werden. Gestik spielt überhaupt eine große Rolle in Situationen, in denen auch wir Menschen Gestik einsetzen: im direkten Austausch, wenn sich Individuen sehen, beziehungsweise einander gegenüberstehen.

Auch die Großen Weißnasenmeerkatzen verfügen über eine spezielle Fähigkeit: Sie kombinieren feststehende Warnrufe zu einer neuen Aussage. Das Leben einer Meerkatze ist sehr gefährlich, denn überall lauern Feinde. Am Boden sind das der Leopard und Schlangen, aus der Luft der Adler. Sie täten gut daran, sich möglichst unauffällig zu verhalten, aber Meerkatzen leben in großen Gruppen mit bis zu hundert Tieren. Männchen übernehmen deshalb die Wache und warnen ihre Artgenossen mit eindringlichen Rufen, variiert je nach Angriffsrichtung: Schleicht sich die Raubkatze durch das Dickicht, stoßen die Männchen einen eher hohen, gezogenen Schrei aus. Bemerken sie jedoch einen Greifvogel, sind tiefere, kürzere Rufe zu vernehmen.

**Hörprobe**

Das Kommunikationssystem der Meerkatzen ist ausgeklügelt: Erst ist ein Ruf zu hören, der vor Leoparden warnt, dann einer, der auf einen Adler hinweist. Die Kombination aus beiden Rufen, die folgt, ist ein Aufbruchssignal für größere Wanderbewegungen, auch ganz ohne Feindkontakt

Die Großen Weißnasenmeerkatzen, die in West- und Zentralafrika leben, unterscheiden ihre Feinde durch verschiedene Laute und Lautkombinationen

Doch die Weißnasenmeerkatzen haben auch noch einen dritten Zuruf in petto, wie Kate Arnold und Klaus Zuberbühler von der Universität von St. Andrews in Schottland herausgefunden haben: eine Kombination aus Leopard- und Adlerwarnung, die sie bei der Sichtung ihrer Fressfeinde, aber auch zu anderen Gelegenheiten von sich geben. Die Rufkombination ist offenbar auch ein Aufbruchssignal für größere Wanderbewegungen, auch ganz ohne Feindkontakt. Damit, so Arnold und Zuberbühler, hätten die Großen Weißnasenmeerkatzen zwei festgelegte Ausrufe kreativ zu einer neuen, höher geordneten Aussage kombiniert. Mit der Ursprungsbedeutung ihrer Bestandteile – der Warnung vor spezifischen Fressfeinden – habe diese neue Ruffolge nur entfernt zu tun. Haben die Meerkatzen damit einen Schritt in Richtung Sprache gemacht?

## Winseln, bellen, keifen: Was macht „komplexe" Lautsysteme aus?

Welche Informationen werden ausgetauscht, wenn Tiere akustisch miteinander kommunizieren? Das würde man sie manchmal am liebsten fragen. Weil das leider nicht funktioniert, übersetzen wir Forschende das für uns in „Playback-Experimente". Bei solchen Experimenten mit Elefanten im Addo Elephant National Park in Südafrika wollten wir herausfinden, welche sozialen Informationen Elefantenbullen aus den Lauten von Weibchen herauslesen.

Dafür haben wir zuerst Kontaktrufe zwischen Weibchen aufgenommen. Bullen haben ständig ein

Ohr auf die Elefantenkühe in ihrer Umgebung. Dieses „Eavesdropping“ – dass Tiere Laute mitbekommen, die eigentlich nicht für sie bestimmt sind – ist ein ganz wichtiger Aspekt in der akustischen Kommunikation. Wir haben etwa dreißig Experimente durchgeführt, die Folgendes zeigten: Das Interesse der Männchen an den Rufen fremder Weibchen war signifikant höher im Vergleich zu jenen bekannter Weibchen. Männchen erkennen also anhand der Rufe ganz genau, ob es sich um ein ihnen bekanntes (derselben Population zugehöriges) oder um ein unbekanntes Weibchen handelt, und zeigen deutlich mehr Interesse an den Rufen der fremden Elefantendamen. Im Hinblick auf die Fortpflanzung ergibt das durchaus Sinn, geht es doch unter anderem darum, Inzucht zu vermeiden. Bei Elefantenkühen ist genau das Gegenteil der Fall: Wenn sie Rufe fremder Weibchen hören, ziehen sie sich mit ihren Jungtieren eher zurück.

Die „Gesprächsthemen“ von Tieren sind äußerst vielfältig: Es geht um Kontakt, um soziale Interaktionen, sexuelle Annäherung, das Kundtun von Bedürfnissen, um das Teilen von Information über Futterplätze oder Feinde. Ganz wie bei uns Menschen! Aber „verstehen“ können wir die Sprachen der Tiere noch immer nicht. Die Hoffnung auf Dr. Doolittle müssen wir aufgeben, es scheint tatsächlich nicht möglich zu sein, Tierlaute mit konkreten Worten zu übersetzten. Die Signale sind ganzheitlich und stehen immer in einem Kontext. Die Kommunikation ist „multimodal", das heißt, sie findet nie nur akustisch oder gestisch statt, es ist immer eine Ausdruckskombination.

Es gibt zum Lautverhalten der Tiere in der Verhaltensbiologie eine grundsätzliche Hypothese. Sie lautet: Je sozialer das Verhalten eines Tieres, desto komplexer sein Kommunikationsverhalten. Ist die Erklärung tatsächlich so „einfach"? Meine Zweifel beginnen schon bei der Definition: Was ist unter „komplex" zu verstehen? Bezieht sich die Komplexität auf die Lautvielfalt, auf die Variationsmöglichkeit, auf die Imitationsfähigkeit einer Tierart?

**Hörprobe**

Wenn ein Rudel Wildhunde wie auf dieser Aufnahme in einen Chorus einfällt, sind die einzelnen Stimmen und Laute für uns nur mehr schwer auseinanderzuhalten

Eine Masterstudentin von mir beobachtete 2018 über einen längeren Zeitraum ein Wildhundrudel in einer südafrikanischen Auffangstation. Wildhunde verfügen über sehr viele verschiedene Lauttypen. Manche davon bewegen sich mit vierzehntausend bis sechzehntausend Hertz schon fast im Ultraschallbereich und sind für uns Menschen nur schwer wahrnehmbar. Die Lautproduktion scheint durch die Nase stattzufinden, es ist keinerlei Maulbewegung zu sehen. Noch dazu winseln, bellen, heulen, yelpen oder whimpern sie häufig im Kollektiv, die ganze Gruppe vokalisiert wild durcheinander. Die Wildhunde haben Rudelrufe, ähnlich dem Heulen der Wölfe, bei denen einer anfängt und dann unterschiedliche Tiere mit unterschiedlichen Lauten in den Chorus einfallen. Kurzum: Der Versuch, dieses diverse Lautverhalten zu ordnen oder sortieren, bringt einen fast um den Verstand! Vielleicht ist das aber auch ein entscheidender Hinweis: Ein solcher Chorus ist als Ganzes zu betrachten, auch die Tiere nehmen ihn womöglich als kollektive Lautäußerung wahr.

Auf der anderen Seite sind Wildhunde aber nicht in der Lage – zumindest ist das der derzeitige Forschungsstand –, Laute zu imitieren. Dasselbe gilt für Schimpansen. Diese Menschenaffen haben zwar auch ein großes Lautrepertoire und spezielle Rufe, um gewisse Feinde oder Futter zu bezeichnen, scheitern aber ebenfalls am akustischen Nachahmen. Das können wiederum Elefanten. Welches dieser Lautsysteme ist nun „komplexer“?

Aus unserer menschlichen Perspektive erscheinen „sprechende“ Tiere als besonders fähig. Das hat

natürlich damit zu tun, dass unsere Sprache im Aufbau tatsächlich komplex ist und es für ein Tier mit Schnabel oder Rüssel eine große kognitive Leistung ist, unser akustisches Modell nachzuahmen. Daher gilt das Imitieren unserer Sprache nach wie vor als höchstes Level der Imitation. Allerdings ahmen Papagei, Elefant oder Seehund, die das Imitieren sehr gut beherrschen, nur dann Menschen nach, wenn sie mit ihnen in enger Verbindung stehen beziehungsweise eine enge Bindung an sie haben.

Angela Stöger und ihr Forschunsgkollege Daniel Mietchen bei Aufnahmen mit Koshik, dem sprechenden Elefanten, in Südkorea

## Ein Elefant, der Koreanisch spricht

Wie wichtig diese Bindung bei der Sprachimitation durch Tiere ist, erkannte ich an Koshik. Er ist ein Asiatischer Elefant, der in einem südkoreanischen Freizeitpark lebt, eine Art asiatisches Disneyland. Sein Pflegerteam kontaktierte uns 2010 mit der Information, dass ihr Elefant mehrere Wörter imitiere. Ich flog also nach Südkorea in den Everland-Erlebnispark, um den „sprechenden Elefanten“ selbst zu erleben – gemeinsam mit einem deutschen Kollegen, der Koreanisch spricht. Denn ohne den authentischen Klang eines Wortes im Ohr zu haben, ist es schwierig seine Imitation zu beurteilen.

Eines war sofort klar: Koshik spricht besser Koreanisch als ich. Der Bulle moduliert die Laute, indem er seinen Rüssel ins Maul steckt und damit ganz offensichtlich die Resonanzräume in seiner Mundhöhle auf eine Weise gestaltet, dass er menschliche Laute erzeugt. Wir konnten feststellen, dass Koshik fünf Wörter relativ gut beherrscht, etwa „annyong" für „Hallo". Das war eine herausragende Entdeckung, denn Koshik ist heute das einzig lebende Säugetier, das Wörter verständlich nachahmt.

In seiner Heimat ist der Elefant ein Star, mehrmals am Tag „empfängt" er Touristengruppen und führt gemeinsam mit dem Trainer sein Sprech-Programm vor. In mir löste das zwiespältige Gefühle aus, denn die Haltungsbedingungen vor Ort entsprechen nicht unseren europäischen Standards: Koshik lebte jahrelang allein, nun mit einem Weibchen. Gleichzeitig ist da aber auch sein starker Menschenbezug: einerseits zum Trainer, andererseits auch zu den Besuchern, die ihn entzückt kichernd anhimmeln. Er schien bei den Vorführungen die Aufmerksamkeit seiner Pfleger, mit denen er sehr verbunden war, und vor allem die Belohnungen zu genießen.

In den zwei Wochen unseres Aufenthaltes machten wir unzählige Tonaufnahmen von Koshik. Ich büßte meine Sünden täglich in der Zookantine ab, die selbstverständlich auch für uns authentisch koreanisch kochte – das bedeutet vor allem: scharf. Koshiks Wörter spielten wir dann auch koreanischen Muttersprachlern vor. Sie bestätigten, dass der Elefant vor allem Vokale sehr gut imitiert. Eines wurde aber auch klar: Koshik sieht darin keine Bedeutung, sondern scheint die Wörter einfach „nachzuplappern". Das von den Pflegern erlernte Kommando „Sitz!" verbindet er, wenn er es ausspricht, also nicht mit der Erwartung, dass sein Gegenüber sich dann auch hinsetzt. Dennoch schlug unsere Arbeit in der Forschungs-Community ein.

Beispiele wie Koshik sind als Einzelfälle auch wissenschaftlich so interessant, weil sie uns zeigen, was alles möglich ist. Die viel schwierigere, aber interessantere Frage ist: Wann, wo und wen imitieren Tiere in ihrem natürlichen Umfeld? Bei welchen Gelegenheiten setzen sie dieses „vokale Lernen" ein? Singvögel tun das, um ihr Lied-Repertoire zu erweitern, um Weibchen zu beeindrucken. Zu genau demselben Zweck erlernen auch Buckelwale und Blauwale ihre Walgesänge. Hier scheint die sexuelle Selektion der gemeinsame Nenner zu sein. Weibchen bevorzugen Männchen mit einem schönen Gesang. Dies gilt aber nicht für alle Tierarten, die Laute gut imitieren können. Es scheint also nicht den *einen*

**Video**

Dieses Video zeigt, wie raffiniert der Trauerdrongo eine Gruppe von Erdmännchen mit seiner Stimme austrickst

Grund für diese Fähigkeit zu geben: Vokales Lernen könnte in mehreren Bereichen von Vorteil sein, selbst über Artgrenzen hinweg.

Der Afrikanische Trauerdrongo etwa, ein Sperlingsvogel, ahmt typische Alarmrufe nach, mit denen sich die Opfer seines Tricks – zum Beispiel Erdmännchen oder andere Vögel – normalerweise gegenseitig vor Greifvögeln, Schakalen oder Hyänen warnen. Er beherrscht die Warnrufe von bis zu einundfünfzig anderen Tierarten. Die Erdmännchen hören den Warnruf, lassen alles fallen, was sie in ihren Pfoten hielten, und flüchten – während der Vogel ihnen die Beute stibitzt. Dieser Trick funktioniert aber nur, wenn der Vogel zur exakt richtigen Zeit ruft, nämlich dann, wenn wirklich Gefahr drohen könnte. Ansonsten bemerken die Erdmännchen, dass sie betrogen werden. Die Masche kann dabei noch so gut sein, irgendwann ist sie durchschaut. Sobald der Trauerdrongo merkt, dass sein falscher Alarm nicht

Der Trauerdrongo, ein Sperlingsvogel, scheint auf den ersten Blick unscheinbar. Doch mit seiner Imitationskunst überlistet er in der Kalahariwüste immer wieder andere Tiere wie Erdmännchen

mehr ernst genommen wird, wechselt er das Repertoire. Der Vogel hat also mehr Erfolg, wenn er die irreführenden Warnrufe variiert.

## Die sozialen Netzwerke von Delfinen, Elefanten und Wölfen

Auch das Bedürfnis nach sozialen Bindungen könnte die Imitationsfähigkeit von Tieren begünstigen. Ein Beispiel dafür wäre Calimero, der bereits erwähnte Elefantenbulle aus dem Zoo Basel. Er versuchte sich an den Quietschlauten der Asiatischen Elefanten, klang dabei zwar deutlich tiefer, dennoch war klar, dass er die Laute seiner – vorherigen – Mitbewohner nachahmte. Das Prinzip des vokalen Lernens erinnert uns also an die evolutionäre Feedback-Schleife: Ich als soziales Tier komme zu einer Gruppe, die anders spricht. Ich will dazugehören, versuche deshalb, mich anzunähern, und imitiere die Gruppenmitglieder. Kommt das gut an, bestärkt es das Verhalten – und die soziale Bindung.

Viel interessanter als die Hypothese, je sozialer eine Tierart, desto komplexer sein Kommunikationssystem, ist für mich die Frage: Sind vielleicht genau jene Tiere besser im vokalen Lernen, die in ähnlichen Gemeinschaften wie wir Menschen leben? Bei Papageien dürfte die Bindung zwischen den voneinander lernenden

Tieren eine solche Rolle spielen, auch bei Delfinen oder uns Menschen: Wir alle leben in sehr flexiblen Fission-Fusion-Gemeinschaften, in denen man sich für eine gewisse Zeit trennt und dann wieder trifft. Bei Elefanten gibt es enge Familiengruppen, zwei oder drei verwandte Familiengruppen bilden eine „Bond Group", die sich regelmäßig trifft. Sie mischen sich aber auch in einem größeren Netzwerk – Elefantenweibchen haben einen „Bekanntenkreis" von etwa hundert Individuen –, übernachten manchmal beieinander. Von solchen Tieren ist zu erwarten, dass sie sich eher anpassen oder auf andere eingehen können. Bei einigen vokalen Lernern scheint dies ein möglicher gemeinsamer Nenner zu sein.

Wildhunde oder auch Wölfe würden diese Theorie bestätigen: Sie sind weniger gut im vokalen Lernen, leben aber auch in einem festen Rudel, nicht in Fission-Fusion-Gemeinschaften. Anderen Rudeln gegenüber sind sie eher feindlich gesinnt, müssen sich also auch nicht mit „Externen" abstimmen.

## Jungtierforschung: Selbst Lämmer passen ihre Laute der Mutter an

Dank neuer Forschungserkenntnisse wird klar, dass viele Annahmen zur – vermeintlichen – Einzigartigkeit des

Menschen überdacht werden müssen. Die Verhältnisse sind deutlich vielschichtiger, als ursprünglich gedacht.

Es gibt gewisse Grundsätze in der Erforschung der Sprachen der Tiere, die aber nicht in Stein gemeißelt sind. Forschung und Entwicklung gehen Hand in Hand, ihr Resultat ist, neues Wissen zu generieren. Auch in der Biologie lernen wir ständig Neues über Tiere und ihre Fähigkeiten und müssen die einmal gefassten Annahmen laufend unserem Erkenntnisstand anpassen.

Lange wurde etwa die Theorie vertreten, dass ein Tier entweder zum vokalen Lernen fähig ist – oder aber diese Eigenschaft überhaupt nicht besitzt. Als Kriterium galt die Fähigkeit, artuntypische Laute, also zum Beispiel menschliche Wörter, nachzuahmen. Dadurch entstand eine Liste an Tierarten, die allgemein als „vokale Lerner" akzeptiert wurden, dazu gehörten Papageien, Singvögel, Robben, Wale und Delfine, und auch Elefanten. Sie alle können – ähnlich uns Menschen – artfremde Laute imitieren.

Auf der anderen Seite standen lange die anderen Tierarten, die diese Form des Lernens offenbar nicht „beherrschen". Mittlerweile wissen wir aber, dass diese Tiere zwar nicht im selben Ausmaß vokal lernen wie die erste Gruppe, aber sie können ihre arteigenen Laute durchaus verändern und an äußere Gegebenheiten anpassen. Bei Schafen gleichen die Lämmer ihre Laute deutlich jenen der Mutter an, vermutlich, um von ihr besser erkannt zu werden. Diese Anpassung muss das Lämmchen ebenfalls erst erlernen – es hört die Laute seiner Mutter und passt die eigenen Laute daran an.

Meine Forschung und meine Überlegungen bringen auch mich immer mehr zu der Erkenntnis, dass die Fähigkeit zum vokalen Lernen – so wie viele andere biologische Eigenschaften auch – wohl eher als ein Kontinuum zu verstehen ist: Es gibt Tierarten, die sind sehr gut darin, andere nicht. Aber es gibt auch ganz viele Abstufungen dazwischen. Einen Anteil an dem Aufbrechen dieses Schwarz-weiß-Denkens haben Mäuse, die dank ihrer guten Eignung als Labortiere hervorragend erforscht sind. Untersuchungen zeigen, dass sie zum Teil über die neurobiologischen Voraussetzungen zum vokalen Lernen verfügen. Tatsächlich lassen sich Mäuseriche von ihrer Umwelt beeinflussen, sie lernen sogar Tonfolgen aus den Ultraschall-Gesängen anderer Männchen und singen dann eben auch ihre Minne – wenn auch nicht so virtuos wie ein Singvogel.

Damit keine Missverständnisse entstehen: Auch das vokale Lernen ist nur eine von vielen kognitiven Grundlagen, die „Sprache“ ausmachen. Es ist wichtig, dass wir uns „Tiersprachen“ von verschiedensten Seiten anschauen: Gibt es genetisch eine Veranlagung dazu, gibt es anatomische oder physiologische Voraussetzungen? Oder – um zum Panda zurückzukehren: Welches Lautverhalten ergibt als Anpassung an den ursprünglichen

Lebensraum Sinn – und wie hat sich dieser Lebensraum in den vergangenen Jahrzehnten verändert? Man muss das holistisch, ganzheitlich, betrachten.

Die Forschung in der Bioakustik treibt den Erkenntnisgewinn voran, auch in Bezug auf die Frage, wie und warum wir Menschen unsere einzigartige Sprache entwickelt haben. Um das zu beantworten, müssen wir uns einzelne wichtige Komponenten anschauen, die für die Sprachentwicklung wichtig sind. Und wir können untersuchen, welche dieser essenziellen Komponenten – wie zum Beispiel das Imitieren von Lauten – wir mit Tieren teilen. In Bezug auf die Sprachen der Tiere müssen wir von einem fein abgestuften System an Fähigkeiten und Gegebenheiten ausgehen, das in vielen Dimensionen differenziert ist. Wir stehen erst am Anfang zu verstehen, was „Komplexität" in der Kommunikation wirklich bedeutet.

7

# SICH MIT TIEREN VERSTÄNDIGEN

**Was wir ihnen sagen – und was sie uns mitteilen**

145

Da waren wir also, mein Huhn Henrietta und ich, schauten uns an und hatten wohl beide Zweifel daran, ob wir das auferlegte Trainingsziel schaffen würden. In fünfzehn Minuten sollte das Huhn vier Verhaltensweisen lernen. Henrietta und ich waren Teilnehmer eines „Chicken Camps", genau genommen des „Chicken Camp Extreme", eines Intensivkurses in Tiertraining. Chicken Camps sind in Amerika schon lange bekannt und werden nun auch verstärkt in Europa inklusive Österreich angeboten. Die Idee dahinter ist, sich die Emotionen, die häufig beim Training mit Hunden – vor allem mit dem eigenen Hund – mitspielen, bewusst zu machen.

Wenn Sie einen Hund haben, dann haben Sie sich sicher schon einmal dabei ertappt, wie Sie sich über Ihr Tier geärgert haben, weil es etwas nicht versteht. Und das, obwohl Sie es ihm vielleicht sogar mehrmals „erklärt" haben? Diese Emotionen sind zwar verständlich, im Tiertraining aber kontraproduktiv. Bei einem Huhn, das man erst vor Ort kennenlernt, hat man diese Emotionen in der Regel nicht. Man hat ja auch keine Erwartungen an das Huhn. Umgekehrt gilt: Hühner verzeihen keine Fehler! Durch das klare Feedback des Huhns lernen Sie innerhalb kürzester Zeit, wie Sie Ihr Training und den Umgang mit Tieren optimieren können. Beste Voraussetzungen also, die eigenen „Kommunikationsfehler" zu erkennen.

Auch Hühner werden – genau wie Zootiere – mittels Klickertraining trainiert; Unsere erste Aufgabe war es, auf den roten Kreis zu picken, statt auf den blauen oder den grünen. Jede „erwünschte" Tendenz wird schon belohnt: Das Huhn bekommt bereits ein Körnchen, wenn es sich nur kurz zum roten Punkt gedreht hat, sich nach und nach hinwendet und sich schließlich hinbewegt. Tatsächlich, nach kurzer Zeit pickte Henrietta auf den roten Kreis. Aber wehe, man bestätigt einmal im falschen Moment, weil man etwas zu langsam oder unaufmerksam ist, dann weiß das Huhn plötzlich nicht mehr, welches Verhalten erwünscht ist – also: was es tun soll. Es ist verwirrt. Genauso wie die unerfahrene Tiertrainerin.

Eine Übung ist mir besonders in Erinnerung geblieben. Jeder, der ein Tier trainieren will, sollte dieses „Spiel" zumindest einmal gespielt haben. Sie übernehmen dabei die Rolle des Tieres und verlassen den Raum, während sich die anderen Kursteilnehmer überlegen, welches Verhalten Ihnen beigebracht werden soll, zum Beispiel, sich auf den Rücken zu legen und dabei die Hände nach oben zu strecken. Sie betreten wieder den Raum, und das Spiel beginnt. Es wird natürlich nicht gesprochen, nur geklickert, und Sie haben schon „gelernt", dass der Klicker eine positive Bestätigung ist. Sie wissen nicht, was erwünscht ist, und fangen deshalb an, „Verhalten" anzubieten. Der Trainer bestätigt hoffentlich im richtigen Moment, damit Sie verstehen, was von Ihnen erwartet wird, nämlich dass Sie sich hinlegen sollen, auf den Rücken, und dann auch noch die Hände nach oben strecken sollen. Es ist wichtig, die Frustration miterleben, wenn der Tiertrainer Ihnen unklare Signale gibt, zu spät oder im falschen Moment bestätigt. Aus Frustration heraus bieten Sie zunächst alles Mögliche an, in der Hoffnung, etwas richtig zu machen. Vielleicht versuchen Sie auch zu reden, könnte ja sein, dass man das von Ihnen will? Aber bald, wenn alles schiefläuft, resignieren Sie. Nun versteht man, wie sich ein Tier fühlt, das unklare Signale erhält, und auch nicht versteht *kann*, was man von ihm will. Es verliert die Lust am Training und wird nicht mehr kooperieren.

Henrietta und ich haben in den fünfzehn Minuten zwei Verhalten gelernt, aber wir waren zufrieden. Das Camp dauerte drei Tage, und mein eigentliches Ziel wäre es natürlich gewesen, dem Huhn zu lernen, auf Kommando zu gackern. Wenn Hühner in einer Gruppe gehalten werden, kommunizieren sie ständig untereinander, Hähne setzen dabei vor allem auch ihrer Körpersprache ein. Die Art und Weise, wie sie gehen oder, besser gesagt, stolzieren, wenn sie ihre Hühnerschar überwachen. Besonders interessant sind die Krährufe, die von Rasse zu Rasse, aber auch individuell verschieden sind. Hähne produzieren auch spezielle Futterrufe, insbesondere dann, wenn eine Henne in der Nähe ist. Hühner haben ebenfalls Alarmrufe, Kontaktrufe, Territorialrufe, Rufe, die speziell der Mutter-Jungtiere-Kommunikation dienen. Die akustische Kommunikation der Hühner ist also gar nicht so trivial, wie man vielleicht denken würde.

## Sich ins Tier „hineindenken"

Eines der wichtigsten Dinge, die mich Henrietta gelehrt hat, ist, dass man sich als Mensch in das Tier hineindenken muss. Nicht nur als Tiertrainerin und -halterin, sondern besonders auch als Wissenschaftlerin, wenn man Experimente entwickelt und plant. Wenn man wissen möchte, ob Elefanten in der Lage sind, Mengen zu unterscheiden, dann ist es nicht zielführend, sie „mit den Augen" zählen zu lassen, ob nun sieben oder acht Würfel vor ihnen liegen. Elefanten sehen nicht gut, aber sie können riechen wie kein anderes Tier auf dieser Welt und sind dazu fähig, über ihren Geruchssinn Mengen zu unterscheiden, die wir optisch nie auseinanderhalten könnten.

Es ist unsere Aufgabe, die richtigen Fragen auf die richtige Art und Weise zu stellen, um die Fähigkeiten von Tieren zu erfassen. Frans de Waal, einer der bekanntesten Primatologen und Verhaltensforscher unserer Zeit, hat ein großartiges Buch mit dem Titel „Are we smart enough to know how smart animals are?" geschrieben und damit die Sache auf den Punkt gebracht: Sind wir Menschen clever genug, um herauszufinden, wie clever Tiere sind?

Man könnte daran zweifeln: Um herauszufinden, ob Elefanten sich im Spiegel selbst erkennen, also ein „Ich-Verständnis" haben, hat man den Tieren in den ersten Versuchen einen viel zu kleinen Spiegel vorgehalten. Es war unmöglich für die Tiere, sich darin in voller Größe zu sehen. Erst als man ihnen einen lebensgroßen Spiegel in einem Gehege präsentierte, einen, der nicht leicht kaputtging, den sie auch berühren und untersuchen konnten, den sie umkreisen konnten, um zu sehen, was sich hinter dem Spiegel befindet – und damit all die Erfassungsphasen ausführen konnten, die man auch von Menschenaffen kennt, wenn sie mit einem Spiegel erstmals konfrontiert werden –, erst dann konnte bewiesen werden, dass Elefanten sich im Spiegel erkennen. Sie betrachten ihr Maul, ihre Zähne, betasten sich mit dem Rüssel. Keine Frage – Elefanten haben ein Ich-Verständnis, wie vermutlich viele Säugetiere und Vögel, vielleicht sogar alle, ohne dass wir uns dessen bewusst sind.

## Tiere „lesen“ uns und bitten uns um Hilfe

Es gibt immer wieder Anekdoten, die verblüffen: etwa von Tieren, die uns ganz konkret um „Hilfe bitten“. Von Tieren, die tatsächlich auf Menschen zulaufen oder zuschwimmen. Von Pferden ist bekannt, dass sie es verstehen, Signale des Menschen zu „lesen“, sie können an unserem Gesichtsausdruck den Gemütszustand erkennen. Forscher der japanischen Kobe-Universität haben folgendes Experiment durchgeführt: Sie versteckten vor den Augen der Pferde Karotten in einem Kübel außerhalb ihrer Weide, für die Pferde unzugänglich. Anschließend kam ihre Pflegerin zu ihnen. Wie würden sich die Pferde jetzt verhalten? Tatsächlich baten alle Tiere aktiv um Hilfe, sie suchten die Nähe der Pflegerin, bauten Blickkontakt auf, manche stupsten sie an. Es gab sogar einen Unterschied im Verhalten der Pferde, je nachdem ob die Pflegerin das Karotten-Verstecken gesehen hatte oder nicht. War dies nicht der Fall, dann waren die Pferde deutlich hartnäckiger – den Pferden war demnach bewusst, was die Pflegerin wusste. Dieses Verhalten zeigt von einer ausgeprägten kognitiven Fähigkeit, die vielleicht mit der Domestizierung der Pferde zusammenhängt.

Selbst Wildtiere bitten Menschen um Hilfe. In einer Studie ähnlich der mit den Pferden versteckten Wissenschaftlerinnen und Wissenschaftler der Universität Sydney Nahrung für Kängurus unerreichbar in einer Box. Und siehe da, die Tiere begannen,

Nicht nur wir haben ein Interesse daran, Tiere besser zu verstehen: Pferde können sogar unsere Gesichter „lesen“

zwischen dem Versuchsleiter und der Kiste aufmerksam hin und her zu schauen. Wieder und wieder schnüffelten einige der Tiere am Knie des Versuchsleiters, stupsten ihn mit ihren Pfoten an – wie wir es von Haustieren kennen. Für die Wissenschaftler ein klarer Beweis dafür, dass die Kängurus versuchten, mit den Menschen zu kommunizieren.

In der Interaktion mit uns lernen Tiere ganz offenbar, uns zu „lesen". In Kenia geraten Elefanten immer wieder mit den dort ansässigen Massai in Konflikt. Entweder überschreiten Elefanten die Grenzen der Reservate, häufig passiert es aber auch, dass die Massai ihre Viehherden in die Nationalparks treiben. Die Massai-Männer vertreiben Elefanten von ihren Siedlungen oder den Wasserstellen, damit die Rinder trinken können. Teilweise tun sie dies mit Gewalt und Speeren, die schlimme Wunden verursachen.

Die Elefanten haben gelernt an der Stimme eines Menschen dessen Alter, Geschlecht und Volkszugehörigkeit zu erkennen und daraufhin abzuleiten, ob ihnen Gefahr droht oder nicht. Im Amboseli-Nationalpark in Kenia spielten die Verhaltensforscherin Karen McComb und ihr Team von der Universität Sussex frei lebenden Elefantenfamilien insgesamt hundertzweiundvierzig Hörproben mit dem immer gleichen Inhalt vor: Stimmen, die sagen, „Schau, dort hinten ist eine Gruppe von Elefanten!" Die Sprecher unterschieden sich in Alter,

Geschlecht und stammten entweder aus der Volksgruppe der Massai oder der Kamba, wobei jede Ethnie eine eigene Sprache spricht.

Die Ergebnisse waren verblüffend. Die Elefanten reagierten nur dann ängstlich, wenn sie die Stimmen männlicher Massai vernahmen – denn ausschließlich sie jagen Elefanten. Obwohl die Massai mit den Elefanten um Weideland konkurrieren – fremde Jäger werden auf ihrem Gebiet nicht geduldet. International organisierte Wildererbanden, die Elefanten wegen ihrer Stoßzähne töten, haben es im Amboseli-Nationalpark schwer. Daher ist die Elefantenpopulation trotz der Konflikte mit dem Hirtenvolk eine der wenigen stabilen und gesunden Populationen Kenias.

## Werden wir von unseren Tieren manipuliert?

Professor Karen McComb erforscht nicht nur Elefanten in Kenia, sondern auch Katzen. Sie ist eine großartige Wissenschaftlerin und war schon immer ein Vorbild für mich.

Mittlerweile ist sie zu einer Freundin geworden. In einer sehr bekannten Studie konnte sie zeigen, dass Katzen strategisch schnurren. Sie hatte den Verdacht, dass die Stubentiger die Art und Weise ihres Schnurrens benutzen, um ihre Halter zu beeinflussen. Karen und ihre

Teamkollegen baten Halter, die Schnurrlaute ihrer Katzen aufzunehmen. Und zwar zum einen in Situationen, in denen die Tiere satt und zufrieden waren, zum anderen in solchen, in denen sie hungrig nach Futter verlangten. Diese Aufnahmen spielten die Wissenschaftler fünfzig Versuchspersonen vor, die die Schnurrvarianten beurteilen sollten.

Es stellte sich heraus, dass die Testpersonen ein zufriedenes von einem bettelnden Schnurren unterscheiden konnten. Sie empfanden die bettelnden Laute als sehr aufdringlich und zum Teil unangenehm. Die Auswertung der Katzenlaute offenbarte dann den Trick: Beim Betteln mischen die Katzen höhere Miau-Laute unter das tiefere Schnurren. Diese eingebauten Klagerufe liegen im Frequenzbereich eines weinenden Babys – und auf solche Töne reagieren wir Menschen offenbar instinktiv mit Aufmerksamkeit.

Der Mensch als Manipulationsopfer? Fakt ist, dass unsere Haustiere wahre Meister der Beobachtung sind. Hunde kennen den Unterschied genau, ob der Mensch ihren Handlungen folgt oder nicht. Bewusste Handlungen bei Unaufmerksamkeit oder Abwesenheit des Menschen – sich ein Leckerli zu schnappen, weil man grade nicht gesehen wird – sind ein Zeichen von großer Intelligenz. Jede noch so kleine Geste, jeden Blick, jedes Ritual nehmen sie wahr und speichern diese Informationen ab. Ich kenne keinen Hundehalter, der insgeheim nicht plant, eine Überwachungskamera aufzustellen, um herauszufinden, was passiert, wenn man das Haus verlässt. Zu oft findet man verräterische Mulden auf der Bettdecke, obwohl der Hund nicht ins Bett darf. Manchmal ist auch das Tischtuch auf magische Weise verrutscht und der vergessene Teller auf dem Tisch blitzblank.

Meine Hunde Lili und Luna beherrschen es etwa, mich auf Unregelmäßigkeiten im Tagesablauf aufmerksam zu machen. Wenn ich – wie während der Coronapandemie – viel von zu Hause aus arbeite, ist um circa achtzehn Uhr Abendessenszeit. Eine viertelstündige Verspätung wird erst mit einem strafenden Blick zur Kenntnis genommen, bei einer halben Stunde aber sind sie mit ihrer Geduld schon ziemlich am Ende. Obwohl uns Mimik und Körperhaltung bei Hunden sehr viel verraten, ist dieser Blick natürlich auch von mir interpretativ. Dann kann ich mit einem „Ja, gleich" noch kurz beschwichtigen. Aber nicht für lange. Sitze ich etwas später immer noch am Computer, werden von Lili und Luna gezielt Maßnahme gesetzt, um mir zu zeigen, was sie wollen. Luna beginnt mit mir zu interagieren. Sie weiß, dass sie keinen Erfolg hat, wenn sie mich einfach ankläfft. Sie schafft eine Mischung aus Spielaufforderung und einem ganz leisen und, ja, süßen Bellen. Lili bringt mir manchmal ihr Plüscheinhorn, aber nicht wirklich zum Spielen, sondern um mich vom Computer wegzulocken. Denn sobald ich mich bewege, drehen sich beide Hunde um, sprinten in Richtung Küche und setzten sich brav davor hin. Die Küche ist hundefreie Zone, und das wird interessanterweise gerade in dieser Situation akzeptiert. Für mich ist dieses Verhalten weniger eine Manipulation als eine Kommunikation, die von den beiden sehr gezielt eingesetzt wird, um zu bekommen, was sie wollen.

Meine Hunde kennen mich in- und auswendig. Schon an der Tonlage meiner Stimme wissen sie, welche Intention ich habe. Dabei verstehen Hunde natürlich nicht ein Wort unserer Sprache. Sie kennen die eigentliche Bedeutung des Wortes „Sitz“ nicht, lernen jedoch, sich zu setzen, wenn man das Wort immer wieder mit der Handlung kombiniert. Sie sind also in der Lage, das Wort mit einer bestimmten Handlung, Person, einem Ort oder Objekt zu verbinden. Wenn Sie das Wort „Sitz“ hingegen in einen kompletten Satz einbauen, wird der Hund sehr wahrscheinlich dem Kommando nicht mehr folgen, weil sich die Betonung dabei stark verändert und es für Hundeohren anders klingt. Hunde prägen sich das Klangbild eines Wortes ein. Aus diesem Grund eignen sich Befehle mit einem hart ausgesprochenen Vokal oder einem lang gezogenen Zischlaut besonders gut.

Leider sprechen wir Menschen nicht immer konsequent in der gleichen Tonlage, unsere Stimme passt sich natürlich unserer Laune an. Ärgern wir uns über den Hund, wird aus einem ruhigen „Bei Fuß“ oftmals ein hektisches „Komm her“, was den Hund verwirrt. Die schwierigste Aufgabe für uns Menschen ist es, unseren Ärger, unsere Ungeduld in der Stimme zu unterdrücken und Kommandos, wenn möglich, immer im gleichen Tonfall auszusprechen. Man unterschätzt, wie sehr wir unsere Hunde tagtäglich mit unserer Stimme beeinflussen.

## Die geheime Macht der „Körpersprache"

Während meiner Doktorarbeit war ich mit meinem Mann gemeinsam mehrere Wochen zur Datenaufnahme in einem Elefantenwaisenhaus im Nairobi-Nationalpark. Diese Auffangstation nimmt Jungtiere aus ganz Kenia auf. Viele der Elefantenwaisen haben durch die Begegnung mit Wilderern traumatische Erfahrungen hinter sich. Die Betreuung hier ist liebevoll, die Elefantenkinder leben als Herde zusammen – bis die Tiere schließlich selbstständig genug sind, um wieder an die Freiheit gewöhnt zu werden. In meiner Forschung beschäftigte ich mich mit Jungtierlauten, und als Daphne Sheldrick, die Betreiberin des Elefantenwaisenhauses, mir erlaubte zu kommen, war ich außer mir vor Freude. Es war eine einzigartige Gelegenheit, Laute von Elefantenjungen im Alter von drei bis fünfzehn Monaten aufzunehmen. Mein Mann ist Elefantenpfleger, wir haben uns im Tiergarten Schönbrunn während meiner Masterarbeit kennengelernt. Er hatte zu dem Zeitpunkt schon viel praktische Erfahrung mit Elefanten, ganz im Gegensatz zu mir.

Ich erinnere mich gut an die erste Begegnung mit Wendi, der neun Monate alten „Matriarchin“ der kleinen Herde. Am Morgen des ersten Tages ging die Tür ihres Stalls auf, sie sah mich, rannte auf mich zu und rammte mir ihren Kopf in den Bauch. Das saß. Mein Mann stand neben mir, aber sie wählte mich, um zu zeigen, wer hier das Sagen hatte. Die etwas größeren Elefantenbabys hatten auf den ersten Blick erkannt, dass ich im Umgang mit ihnen etwas unsicher war, im Gegensatz zu meinem Mann, der es gewohnt war, direkt mit Elefanten zu interagieren. Bei der Geburt wiegt ein Elefantenbaby etwa hundert Kilogramm und ist im Schnitt einen Meter groß. Mit zwölf Monaten sind sie bereits deutlich größer – mit mir auf Augenhöhe – und bringen etwa sechs Mal so viel Gewicht wie ich auf die Waage, rund dreihundert Kilogramm.

Tiere „lesen“ uns und erkennen jegliche Art von Unsicherheit sofort. Sie erkennen es an der Stimme, an unserem Verhalten, an der Körperhaltung, es reichen ganz subtile Signale, derer wir uns gar nicht bewusst sind. Es kann ein Zögern sein oder eine unsichere Bewegung, die dem Tier genau diese Unsicherheit signalisiert. Auch darf man nicht den ausgeprägten Geruchssinn der Elefanten vergessen und von Hunden weiß man, dass sie Angst tatsächlich riechen können.

Mit Madiba, zu diesem Zeitpunkt ein drei Monate altes Elefantenbaby, in einem Elefantenwaisenhaus im Nairobi-Nationalpark

Napasha, ein Bulle, fünfzehn Monate alt und nicht mehr gar so klein, ein richtiger Draufgänger, machte sich einen Spaß daraus, mich zu erschrecken, wann immer er mich allein erwischte – darauf achtete er genau. Dann drohte er mir, rannte auf mich zu, stellte seine Ohren auf – blieb dann aber genau vor mir stehen und starrte mich an. Wir waren etwa gleich groß, auch wenn die Masse ungleich verteilt war. Nie hat er das bei meinem Mann versucht, nie hat er das gemacht, wenn mein Mann oder einer der anderen Pfleger in unmittelbarer Nähe war. Napasha hat die Situation genau beobachtet und sein Verhalten an meines angepasst.

Umgekehrt gab es dort auch äußerst harmonische Momente: Mein Liebling war Madiba, ein drei Monate altes Elefantenbaby. Wir verbrachten viel Zeit miteinander, zu Mittag schlief er auf meinem Schoß und ich liebe ihn noch heute. Er hatte so viele Haare und hat ausgesehen wie ein kleines Mammut. Oder Sunyei, sie war sechs Monate alt, außergewöhnlich draufgängerisch und ein so selbstbewusstes Persönchen.

Die Arbeit, die in diesem Elefantenwaisenhaus geleistet wird, ist fantastisch. Die Babys kommen schwer traumatisiert, haben ihre Mutter und ihre Herde verloren, verweigern das Fressen, sind krank und knapp davor, sich aufzugeben. Aber Daphne Sheldrick gelang es, eine Milchformel auf der Basis von Kokosmilch zusammenzustellen, die die Kleinen vertragen. Diese Formel wird heute auch in Zoos verwendet, falls es Probleme beim Säugen gibt. Zum Schlafen wickeln die Pfleger, die sie vierundzwanzig Stunden begleiten, die Kleinen in Decken und Stroh, auch in der Früh bekommen die Elefantenbabys Decken umgebunden. Ohne den Schutz der Herde ist es zu kalt, sie bekommen sonst eine Lungenentzündung und sterben manchmal sogar daran. Das Wichtigste aber ist, dass sie, einmal angekommen, keine Minute mehr allein sind.

Mit eineinhalb Jahren übersiedeln die Waisen dann in den Tsavo-Nationalpark, wo sie auf die Auswilderung vorbereitet werden. Sheldricks Programm hat mittlerweile über hundertfünfzig Elefantenwaisen erfolgreich ausgewildert. 2019 hat Wendi bereits ihr zweites Kalb in freier Wildbahn bekommen. Wie bei ihrem ersten kam sie mit dem Jungen zum Camp zurück, um es ihren Pflegern zu zeigen. Obwohl das jetzt nicht sehr wissenschaftlich ist, behaupte ich, dass Wendi tatsächlich nicht vergessen hat, dass die Pfleger einst ihr geholfen haben. Sie vertraut ihnen bis heute und beweist es, indem sie sie mit ihrem kleinen, neugeborenen Kalb besucht.

Madiba ist heute achtzehn Jahre alt und ein stattlicher junger Bulle, der sich auch gut in Tsavo zurechtfindet. Als ich mich damals von ihm und von den Waisen verabschiedete, habe ich bitterlich geweint. Die Elefantenjungen hatten mich mit ihrem Verhalten, ihren Lauten – die einen Großteil der Daten zu meiner Dissertation ausgemacht hatten – und mit ihrem Willen zu leben berührt. Es freut mich sehr, dass alle neun Waisen, die ich damals kennenlernte, überlebt haben und sich in Tsavo zurechtfinden. Diese neun Elefanten haben mich in einer Art und Weise beeinflusst, die selbst ich nie für möglich gehalten hätte.

## Wir müssen eine offene Haltung bewahren

Durch das enge Zusammenleben mit Tieren einer Art lernt man einander „lesen" – das ist bei Hunden nicht anders als bei Elefanten. Auch bei einem Familienmitglied erkennen wir oft schon an der Art und Weise, wie sie beim Betreten der Wohnung „Hallo" sagen, ob sie einen guten oder schlechten Tag hatten. So ist das auch beim engen Kontakt mit Tieren, mit ihren individuellen Charakteren. Wir „lesen" sie und sie „lesen" uns!

Und natürlich beeinflussen wir uns gegenseitig, immer dann, wenn soziale Interaktion stattfindet. Wenn wir kommunizieren, hat das Einfluss auf beide Seiten. Interaktion ist nie einseitig, auch nicht zwischen Individuen verschiedener Arten. Wir müssen uns auf diese Interaktion einlassen, offen sein für das, was Tiere uns mitteilen wollen. Wir müssen auch unser eigenes Verhalten reflektieren: Haben wir vielleicht missverständlich kommuniziert? Haben wir ein Kommando gegeben, aber körpersprachlich das Gegenteil davon vermittelt? Es ist ein langer und empfindlicher Prozess, sich all der feinen Kleinigkeiten bewusst zu werden, die unseren Austausch, unseren Dialog, unser Zusammenspiel im Alltag ausmachen.

Erinnern Sie sich an die Bilder vom Buschfeuer in Australien in den Jahren 2019 und 2020? An die Bilder von Tieren, die auf die Feuerwehrleute zugelaufen, gekrochen oder gehüpft kamen? Besonders einprägsam für mich war die Aufnahme eines Koalas, der aus einer Trinkflasche getrunken hat. Er hat verstanden, dass die Menschen ihm helfen, und hat diese Hilfe zugelassen.

Tiere kommunizieren untereinander und mit uns Menschen. Sie haben ein Bewusstsein und Gefühle. Ich folge hier Frans de Waal, der sagt, wenn man Tieren Gefühle abspricht, müsse man zunächst genau das beweisen: dass sie *keine* Gefühle habe. Derzeit beschäftigen wir uns in der aktuellen wissenschaftlichen Praxis hingegen – eigentlich zu Unrecht – vor allem damit, erst einmal zu belegen, dass Tiere empfinden.

Wie würden wir Menschen denn unser Verhalten Tieren gegenüber rechtfertigen, wenn wir akzeptierten, dass Tiere ähnlich fühlen wie wir? Welche Auswirkung auf unser ausbeuterisches Verhalten hätte das? Könnten wir dann immer noch – Stichwort Trophäenjagd – Tiere zum Vergnügen jagen, sie in Massentierhaltungen sperren, wochenlang mit Schiffen zur Schlachtung in andere Länder transportieren, Babys von Müttern trennen, damit wir genug Milch bekommen? Sie töten, weil ihre Knochen, Schuppen oder Hörner ein Statussymbol sind oder wir glauben, dass sie unsere Potenz steigern?

Die Buschfeuer in Australien bedrohten 2020 ganz besonders auch die Tiere. Dieser Koala konnte gerettet werden – und ließ die Hilfe der Feuerwehrleute zu

Ich werde auf diese Antworten noch warten müssen, aber als Verhaltens- und Kognitionsforscherin beweise ich mit jeder einzelnen Studie, dass Tiere uns ähnlicher sind, als wir glauben. Genau deshalb ist Verhaltensforschung auch für die Beziehung zwischen Mensch und Tier so wichtig: Wir schaffen aus Anekdoten Fakten, die nicht mehr von der Hand zu weisen sind.

# 8.

# BEGRIFFE, DIE NUR FÜR MENSCHEN GELTEN?

**Von der vermeintlichen Einzigartigkeit**

Es war im März 2020, als eine Nachricht vom Organisationsteam der „Worldwide Music Conference" in meinem Posteingang eintraf. Ich staunte nicht schlecht, als ich sie öffnete: Man lud mich darin ein, einen Vortrag auf der erstmals stattfindenden Fachkonferenz zu halten – noch dazu als Keynote-Sprecherin. Ich war über die große Ehre etwas verdutzt und antwortete, dass ich mich zwar sehr über die Einladung freue, aber davor gerne noch abklären würde, ob sie denn wissen, in welchem Forschungsgebiet ich arbeite.

Die Antwort kam prompt: Natürlich wussten sie, dass ich die Kommunikation von Tieren, schwerpunktmäßig Elefanten, erforschte. Gerade deshalb hätten sie mich eingeladen. Sie würden gerne den interdisziplinären Austausch zwischen Künstlern, Musikern, Sängern, Musikwissenschaftlern, Linguisten und Bioakustikern fördern.

Ein Thema, das auch auf der Konferenz diskutiert wurde, war die Biomusik und die Frage ob Tiere musikalisch sind. Eine Hypothese dazu ist, dass Gesänge von Walen, Vögeln und Gibbons nicht nur als Musik im herkömmlichen Sinn gelten, sondern auf einen universalen Musikinstinkt zurückzuführen sind, den viele Tiere mit Menschen gemeinsam haben. Was immer es ist, warum uns Musik so berührt: Es scheint tief im Unterbewusstsein verankert zu sein und an der Wurzel der Emotionen zu rühren.

Nach der biologischen Definition ist ein Lied eine wiederholte, rhythmische Lautsequenz, ganz gleich, ob sie von einer Grille, einem Vogel oder einem Wal erzeugt wird. Viele Tiere befolgen in ihren Liedern auch Regeln – wie echte Komponisten. Die Einsiedlerdrossel zum Beispiel verwendet die pentatonische Tonleiter, mit fünf Tonstufen innerhalb einer Oktave. Auf diesem Tonsystem basiert auch die traditionelle asiatische Musik. Die Fuchsdrosseln hingegen verlassen sich auf die diatonische, siebenstufige Tonleiter westlicher Musik mit ihren zwei zusätzlichen Halbtonschritten. Anschwellende Crescendi (im Ton lauter werdend) und verblassende Diminuendi (in der Tonstärke abnehmend) gehören genauso zum Vogelrepertoire wie gesungene Duette.

**Hörprobe**

Ähnlich wie die traditionelle asiatische Musik beruht auch der Gesang der Einsiedlerdrossel auf der pentatonischen Tonleiter

Es gibt Tiere, die sogar Instrumente verwenden. Der nordaustralische Palmkakadu sucht so lange, bis er einen

Der Palmkakadu nutzt gern einen abgebrochenen Ast als Trommelstock

hohlen Stamm findet, dessen Resonanz ihm zusagt, und verwendet dann einen selbst abgebrochenen Ast als Trommelstock, um Weibchen zu beindrucken. Es gibt also unheimlich viele Gemeinsamkeiten zwischen Mensch und Tier bei der Erzeugung und beim Einsatz von Musik.

Als Bioakustikerin und Biologin bin ich von diesen Gemeinsamkeiten zunächst nicht überrascht. Schließlich besitzen alle höheren Wirbeltiere ähnliche Nervensysteme und leben in derselben Umwelt mit Geräuschen, Klängen mit Resonanzen und Obertönen. Die Frage ist jedoch, ob Tiere tatsächlich so etwas wie musikalische Kreativität besitzen. Ihre Gesangsmuster haben ja primär eine biologische Funktion, die meist der Fortpflanzung dient. Obwohl gerade dieser Kontext meiner Meinung nach die Kreativität und Innovation auch im Tierreich fördert: Warum sollte das beim Menschen ursprünglich anders gewesen sein?

Ich finde solche Überlegungen und Diskussionen extrem spannend. Sie kommen aber nur zustande, wenn wir über unsere Fachgrenzen hinausdenken, wenn wir mit Forscherinnen und Experten anderer Disziplinen ins Gespräch kommen und dabei so manche Definitionen oder Begriffe aufbrechen, ohne sie gleichzeitig abwerten zu wollen. Es gibt genug Begriffe, die man in der wissenschaftlichen Praxis lange Zeit nur als Humanbiologe verwenden sollte, und für deren Gebrauch in der Zoologie Synonyme vorgesehen waren: Freunde sind bei den Tieren „soziale Partner", Angst wird als „Stressreaktion" bezeichnet, Sprache als „Kommunikation".

## Oxytocin: Wie ein Hormon zur Mutterliebe beiträgt

Heute ist es zunehmend akzeptiert, Begriffe, die lange Zeit der Charakterisierung von Menschen vorbehalten waren, auch für die Beschreibung von tierischem Verhalten zu verwenden. Als die Primatologin Jane Goodall in den Sechzigerjahren das Verhalten von Schimpansen zu erforschen begann, wurde sie dafür kritisiert, dass sie ihren Versuchs*objekten* Namen gab, anstatt sie zu nummerieren. Heute schreibe ich ganz selbstverständlich die Namen meiner Versuchs*subjekte* in wissenschaftliche Publikationen, und ich verwende auch die Personalpronomen „er" oder „sie" anstelle von „es". Es erscheint eigentlich albern, dass man dies überhaupt als Errungenschaft erwähnen muss, aber selbstverständlich ist es noch nicht in allen Forschungsdisziplinen – Versuchsmäuse in einem Labor beispielsweise sind immer noch Nummern. Was aber zugegebenermaßen nicht immer mit einer Abwertung des Tieres zu tun hat, manchmal hat es auch einfach praktische Gründe, vor allem wenn es sich um viele Versuchssubjekte handelt.

Mehr und mehr Forscher und Wissenschaftlerinnen sind dazu bereit, nicht nur Primaten, Elefanten oder Hunden Gefühle zuzugestehen, sondern auch Ratten oder Mäusen. Tatsächlich wird das Gefühlsleben von Tieren, besonders das der Labortiere, auf der ganzen

Welt untersucht – nicht deshalb, weil Forschende vielleicht heute sentimentaler sind als früher, sondern weil wir tatsächlich mehr über die gemeinsamen biologischen Grundlagen zwischen Mensch und Tier wissen. Der Hirnstamm zum Beispiel ist bei Menschen und Ratten sehr ähnlich, argumentiert der bekannte amerikanische Psychologe und Neurowissenschaftler Joseph LeDoux. Warum also sollten diese Tiere nicht auch zu Empfindungen fähig sein? Der amerikanische Verhaltensbiologe Marc Bekoff ist sogar davon überzeugt, dass Tiere ebenso wie Menschen Freundschaft, Hass, Freude, Trauer oder Mitleid empfinden. Und auch Liebe.

Für mich lässt sich das am Beispiel der Entstehung von Mutterliebe hervorragend illustrieren. Wir wissen mittlerweile, dass das Hormon Oxytocin für die Entwicklung dieses Gefühls verantwortlich ist. Während der Geburt wird dieser Botenstoff ausgeschüttet und dann etwas später wieder beim Stillen. Dies ist beim Menschen so, das ist aber auch bei der Kuh, beim Schwein, bei der Maus oder der Giraffe so.

Die Mutterliebe wird als eines der stärksten existierenden Gefühle bezeichnet, und die Forschung beschäftigte sich schon früh damit, dieses Gefühl zu „entschlüsseln“. Man hofft dadurch zu verstehen, wie das große Gefühl einer Mutter entsteht und warum Mütter

Mutterliebe entsteht unter anderem durch den Einfluss des Hormons Oxytocin – und ist keineswegs nur ein menschliches Gefühl

für ihre Kinder und Jungen vieles tun, sogar ihr eigenes Leben für sie riskieren.

Erste Hinweise darauf, wie diese starke, frühe Bindung zwischen Mutter und Kind entsteht, fanden zwei amerikanische Wissenschaftler bereits im Jahr 1968, als sie jungen, kinderlosen Ratten Blut von Artgenossinnen injizierten, die gerade Nachwuchs bekommen hatten. Die Tiere begannen sofort, Nester zu bauen, die fremden Rattenbabys zu füttern und zu putzen. Elf Jahre später fand man schlussendlich heraus, dass das Hormon Oxytocin dieses Mutterverhalten auslöst. Wenn wir also bereits seit so langer Zeit wissen, dass Oxytocin bei Ratten wie auch Menschen mütterliches Verhalten auslöst, wieso tun wir noch immer so, als ob Tiere dieses Gefühl nicht hätten, zum Beispiel in der Tierhaltung?

## Gemeinsam singen: Chöre stärken die soziale Bindung

Bei der Worldwide Music Conference gab es am zweiten Tag ein Referat, das mich besonders zum Nachdenken inspiriert hat. Julie Ballantyne von der School of Music der Universität Queensland hielt ihren Vortrag zum Thema „Music Education". Unter anderem referierte sie darüber, wie sehr gemeinsames Musizieren – das gemeinsame Singen in einem Chor oder das Spielen in einer Band – die Bindungen zwischen Menschen verstärkt. Ein Sprichwort aus Simbabwe besagt: „If you can talk, you can sing." – Wer sprechen kann, kann auch singen. Aber auch wer nicht sprechen kann, kann musizieren. Gesang und Musik ermöglichen ein gemeinsames Erlebnis, einen gemeinsamen Rhythmus, und das erzeugt und stärkt ein Zusammengehörigkeitsgefühl.

Das Chorusverhalten von Tieren zeigt dazu eine interessante Parallele auf. Denn das Vokalisieren oder Singen im Duett oder in Chören spielt eine wichtige evolutionäre Rolle. Sämtliche Gibbonarten leben monogam, die Primaten pflegen eine lebenslange innige Zweierbeziehung. Der Gibbongesang besteht aus verschiedenen Rufen, was auch von Art zu Art verschieden ist. Männchen und Weibchen verfügen dabei über das gleiche Repertoire. Die Gesänge werden regelmäßig im Morgengrauen angestimmt. Forscher vermuten, dass das Paar gleich bei Tagesanbruch klarstellen will, wer hier im Areal das Sagen beziehungsweise das „Singen" hat. Und noch etwas haben die Wissenschaftler herausgefunden: Einen Partner zu verlassen ist nicht sehr vorteilhaft, weil Duette neuer Paare deutlich schlechter koordiniert sind. Dadurch verlieren diese häufiger ihr Revier an andere, besser koordinierte Paare.

**Hörprobe**

Ein Gibbonpaar stimmt hier in sein morgendliches Duett ein

Was Sie jetzt vielleicht überraschen wird: Auch Elefanten sind für ihre Chöre bekannt, zumindest unter Elefantenforschern. Es gibt gewisse Situationen, in denen alle Mitglieder einer Elefantenherde gemeinsam ihre Stimme erheben. Dann entsteht eine enorme Klangwolke aus lauten Rumble- und Trompeten-Lauten. Zu solchen Situationen gehören Paarungen, Geburten, aber auch Begrüßungen, wenn sich die Mitglieder einer Herde – oder zweier verwandter Herden – nach einer Trennung wiederbegegnen. Eine Begrüßungssituation ist wie ein Ritual, es wird gemeinsam vokalisiert, alle sind nahe beisammen, berühren sich mit ihren Rüsseln und riechen aneinander, drehen sich um ihre Achse und bilden ein Elefantengewirr. Dies kann mehrere Minuten dauern, und das Rumbeln, wenn auch ruhiger und leiser, ist noch länger zu hören, während sich die Herde wieder langsam beruhigt.

Auch wenn in der Forschungs-Community über die genaue Funktion dieser tierischen Chöre noch diskutiert wird – eines ist klar: Neben der Wirkung für Außenstehende, Revierabgrenzung sowie einer Demonstration von Kraft und Stärke, bewirken Chöre und Duette auch etwas innerhalb der Gruppe oder zwischen einem Paar. Sie stärken die soziale Bindung zwischen den Individuen. Und hier können wir wieder eine Gemeinsamkeit zwischen Menschen und Tieren finden, denn auch gemeinsames Musizieren unter

Menschen hat immer mehrere Funktionen: Einerseits wollen Orchester, Chöre oder Rockbands natürlich die Zuhörer beindrucken, aber, wie Julie Ballantyne bei der Worldwide Music Conference bestätigte, es entsteht dadurch auch eine starke Bindung innerhalb einer Musikgruppe oder eines Chores.

## Die Persönlichkeit des „Problembärs"

Tiere haben also Gefühle, sie singen und vokalisieren zusammen, sie haben Persönlichkeit – oder sollte man bei Tieren doch lieber von „Individualität", von „individuellem Verhalten" sprechen?

Tatsächlich darf der Begriff der Persönlichkeit mittlerweile auch in der Wissenschaft für Tiere verwendet werden. Es gibt sie, die Tierpersönlichkeiten genauso wie die menschlichen Persönlichkeiten. Es gibt diese eher aggressiven Leute, die sich mit Ellbogen bis ganz nach vorne in der Schlange drängeln oder auf der Straße im Auto bewusst die Vorfahrt nehmen. Und dann gibt es auch jene, die Rücksicht nehmen oder schüchtern sind und sich zurückhalten. Auch Tiere zeigen eine ähnliche Varianz im Verhalten – und das ist gut so. Meine Hunde, jeder für sich, haben auf jeden Fall eine starke Persönlichkeit, besonders Lili ist ein besonderer Charakter. Sie kommt zur Begrüßung nicht angerannt

Hündin Lili hat einen besonderen Charakter – eine eigene Persönlichkeit eben, wie nicht nur wir Menschen sie haben

wie Luna, sondern braucht einen angemessenen Auftritt, indem sie sich langsam erhebt, streckt und – nachdem man sie mit einem „Hallo Lili" begrüßt hat – sich gemächlich nähert, um sich ihre Streicheleinheit in Ruhe abzuholen. Ein Auftritt mit Stil eben.

Auch die verschiedenen Elefanten, die ich näher kennenlernen durfte, hatten alle ihren Charakter, ihre Persönlichkeit. Einige sind verspielter als andere, sanftmütiger, aufbrausender oder dominanter. Die Kombination verschiedener Charaktereigenschaften unterschiedet mitunter, ob die Herde Krisensituationen wie eine Dürre meistert. Starke Charaktere werden eben auch unter Elefanten am ehesten anerkannt – die Führungsrolle übernimmt meist die intelligenteste und in der Problembewältigung erfahrenste Elefantenkuh. Unterschiedliche Persönlichkeiten sind also ein wichtiger Faktor für die Evolution: Je größer die Vielfalt an Strategien, desto wahrscheinlicher ist eine gute Anpassung an sich verändernde Lebensumstände.

Bei den Hüttensängern – sie bilden eine nur drei Arten umfassende Gattung der Sperlingsvögel – konnte man zeigen, dass es aggressive Männchen gibt, die in neue Gebiete fliegen, um diese zu übernehmen. Die aggressiven Männchen gewinnen aber meist nicht den Wettstreit beim Fortpflanzungserfolg, denn je mehr Zeit sie mit Kämpfen verbringen, desto weniger Zeit haben sie, um ihre Partnerin zu versorgen. Daher haben sie weniger Nachwuchs als weniger aggressive Männchen. Aber: Ihre Aggressivität ist generell nützlich, um in neue Reviere vorzudringen. Für den Arterhalt sind daher beide Charaktere wichtig.

Die Persönlichkeit von Tieren wird auch als höchst relevant betrachtet, wenn es darum geht, Mensch-Wildtier-Konflikte zu beheben oder zu regulieren. Denn nicht jeder Elefant neigt dazu, sich Dörfern zu nähern, um Felder zu plündern. Dazu gehört nämlich, unter anderem, eine gewisse Risikobereitschaft. Ähnliches gilt für Kojoten oder Wölfe, von denen es Individuen gibt, die Schafe reißen, und solche, die das nicht tun.

Könnte man diese Problemtypen ausmachen, dann könnte man viel effektiver Methoden zur Konfliktvermeidung entwickeln, bei Kojoten, Bären oder Wölfen, aber auch bei Elefanten und vielen anderen Tieren. Man könnte versuchen, bestimmte Kojoten oder Wölfe davon abzuhalten, Schafe zu reißen, anstatt alle Individuen eines gewissen Gebiets zu töten. Mit anderen Worten: Durch ein besseres Verständnis der Persönlichkeitstypen im Tierreich könnte man Wildtiermanagement effizienter und humaner gestalten.

Ist es also an der Zeit, den Anthropomorphismus, wie man die Zuschreibung menschlicher Eigenschaften und Bedürfnisse auf Tiere nennt, zu überdenken und nicht mehr als etwas Negatives zu betrachten? Meiner Meinung nach ja. Tiere können fühlen, und zwar nicht nur Schmerz. Die wissenschaftlichen Beweise dafür sind nicht mehr von der Hand zu weisen.

Gefühle und Lernverhalten werden in Hirnarealen verarbeitet, die evolutionär gesehen schon sehr früh entstanden sind. In vergleichsweise einfach gebauten Gehirnen – wie jenen von Fischen – findet man analoge Strukturen wie in den Gehirnen von hochentwickelten Säugetieren. Ist es also nicht wahrscheinlich, dass zumindest alle Lebewesen mit vergleichbaren Hirnstrukturen nicht nur durch Reflexe, sondern auch emotional gesteuert sind?

9

# HÖRT WIEDER MEHR HIN!

Vom Einander-Zuhören als Akt des Respekts

Ich befinde mich an einem meiner Lieblingsorte, weit weg von den Touristenstraßen, inmitten des Addo Elephant National Parks. Auf einem kleinen Naturweg zwischen dem Hapoor- und dem Rooidam-Wasserloch beobachte ich eine Warzenschweinfamilie, die neben meinem Auto nach Futter sucht. Alle Familienmitglieder geben lustige Grunzgeräusche von sich. Die Tiere knien sich hin und wühlen mit der Schnauze den Boden auf, bleiben aber mittels ihrer Grunzlaute immer miteinander in Kontakt.

Ich höre sie deshalb so gut, weil die Mikrofone, die außen an meinem Auto angebracht sind, aktiv sind und ich die Kopfhörer aufhabe. In einiger Entfernung grast eine Gruppe Kudu-Antilopen, ich kann tatsächlich hören, wie sie das Gras abrupfen. Ich erkenne das Gackern von Perlhühnern, obwohl ich sie nicht sehen kann, und im Busch hinter mir zwitschern lauthals mehrere Webervögel. In meinen Kopfhörern spielt das elektrisch verstärkte Konzert eines vielstimmigen Tierorchesters. Ich lehne mich zurück und schließe die Augen, um all die Geräusche auf mich einwirken zu lassen. Ich würde gerne in Ruhe den Lauten der Savanne lauschen – wenn wir nicht Experimente zu erledigen hätten.

Mit dem 300 Kilogramm schweren Subwoofer am Auto können tiefe Elefantenlaute abgespielt werden, um Reaktionen zu beobachten und die Bedeutung der Laute zu erforschen

## Es ist zu laut – auch im Nationalpark

Mein Kollege Anton Baotic und ich haben bereits vor Sonnenaufgang im Park zu arbeiten begonnen, aber jetzt um acht Uhr wird der Umgebungslärm immer stärker. Ich spreche natürlich nicht von den Warzenschweinen und Perlhühnern, diese Laute stören unsere

Experimente nicht, auch weil sie sich in einer anderen Tonlage bewegen. Es geht um den relativ tieffrequenten menschengemachten Lärm, der sich mit den tiefen Elefantenrumbles genau überlagert.

Ich höre einen Zug, der in rund drei Kilometer Luftlinie vorbeirattert. Ich höre das Rauschen der Schnellstraße, die in etwa der gleichen Entfernung am Park vorbeiführt. Ich kann die Autos der Touristen im Park wahrnehmen, die häufiger werden, und gerade ist ein Passagierflugzeug in großer Höhe über uns hinweggeflogen, das Geräusch seiner Turbinen ist lange wahrnehmbar.

In dem Moment, als wir denken, wir können unsere Experimente fortführen, höre ich die Motoren der Cessna von John Adendorff, Naturschutzmanager des Addo-Nationalparks, der sich seit achtundzwanzig Jahren um die Sicherheit und Gesundheit der Tiere im Park kümmert. Er ist – wie mehrmals die Woche – auf seinem Kontrollflug, um zu sehen, ob im Park alles in Ordnung ist, das heißt: ob keine unbefugten Aktivitäten im Gange sind oder Tiere – etwa nach Kämpfen – verletzt sind. Er grüßt uns mit einem besonders niedrigen Überflug. Etwas betäubt von der Lautstärke, die ich über die Kopfhörer vernehme, winke ich zurück, weiß dabei aber auch, dass wir für die nächsten zwanzig bis dreißig Minuten immer wieder seine Cessna hören werden.

Zwanzig bis dreißig Minuten Pause: Zeit, um über den Einfluss, den wir Menschen auf die Tiere in diesem Park haben, nachzudenken. Und ich erkenne, dass sich im Addo-Nationalpark in vielerlei Hinsicht die Probleme unseres Zusammenlebens mit Wildtieren kristallisieren. Wir befinden uns in einem Naturschutzgebiet, aber es ist teilweise unmöglich, Momente zu finden, in denen man nicht irgendwo ein Störgeräusch vernimmt.

Mich stört das in meiner Rolle als Wissenschaftlerin – aber was bedeutet es für die Tiere im Park? Selbst der Parkmanager, der auf die Tiere aufpasst, produziert Lärm genauso wie wir, wenn wir mit unseren Autos durch den Park zu unserem Studienort fahren. Wir wissen von unseren Tonaufnahmen, dass Motorengeräusche in einem ähnlichen Frequenzbereich liegen wie die relevanten Lautanteile der Elefanten. Wie beeinflusst es die Tiere, wenn zum Teil dreißig bis vierzig Autos bei einem Wasserloch stehen, anfahren, wegfahren, die Klimaanlage läuft? Ganz abgesehen vom Gestank – es ist ein naheliegender Gedanke, dass die akustische Kommunikation der Elefanten, aber auch die der anderen Tiere, stark darunter leidet.

Wenn ich in Südafrika bin, zieht es mich immer wieder aufs Meer. Ich liebe Wale, und gerade in den südafrikanischen Wintermonaten sind vor der Küste im Indischen Ozean viele Buckelwale und Südkaper zu finden. Einer der Gründe, warum der Addo-Nationalpark auch das Zuhause der „Big 7“ genannt wird, ist das

Mit Kollege Anton Baotic bei der Forschungsarbeit im Addo-Nationalpark

Vorkommen dieser großen Lebewesen: Neben Elefanten, Löwen, Nashörnern, Leoparden und Büffeln gibt es in der „marinen Sektion“ des Schutzgebiets auch Bartenwale und den Großen Weißen Hai.

Beim Whale-Watching gibt es allerdings ganz bestimmte Regeln, wie sich ein Boot einem Wal nähern darf: stets in Schwimmrichtung des Tieres, in einem Winkel von etwa dreißig Grad und die Bewegungsfreiheit der Wale muss zu jedem Zeitpunkt gewahrt werden. Man darf nicht in eine Gruppe fahren und keine Tiere von der Gruppe trennen. Außerdem ist es verboten, näher als hundert Meter an die Tiere aktiv heranzufahren, maximal zwei Boote dürfen sich in einem Umkreis von dreihundert Metern aufhalten. Kommen die Tiere nahe ans Boot, muss der Motor abgestellt oder zumindest der Leerlauf eingelegt werden. Diese Regeln sind wichtig, denn uns muss bewusst sein: Auch wenn wir „nur“ beobachten wollen, dringen wird dabei in den Lebensraum der Tiere ein und sollten die Störung äußerst gering halten.

Für das Beobachten von Elefanten, Nashörnern, Giraffen und Co. hingegen gibt es keine so klaren Regeln. Für das beste Foto stellen sich Touristenfahrzeuge schon mal in eine Gruppe von Tieren hinein oder fahren sehr nah an sie heran. Es gibt keine Richtlinien, wie weit man sich einer Elefantenherde, einem Zebra oder einer Büffelherde nähern darf. Es gibt auch kein Limit für die Anzahl an Autos, die gleichzeitig an einer Wasserstelle stehen dürfen, oder ein Höchstlimit für Autos in den Parks generell. Im größten Nationalpark Südafrikas, im Kruger-Nationalpark, habe ich Verkehrstaus erlebt! Ich habe gesehen, wie Polizisten *im Nationalpark* den Verkehr geregelt haben, wenn Löwen oder ein Leopard am Straßenrand gesichtet wurden.

Wäre es angesichts solcher Szenen nicht an der Zeit, auch den terrestrischen Säugetieren etwas mehr Abstand und Ruhe zu gönnen? Wir haben deshalb mit dem Park-Management gesprochen und ihnen anhand unserer Tonaufnahmen gezeigt, wie sehr die Kommunikation der Elefanten durch den Autolärm maskiert wird. Die Rumbles der Elefanten sind zum Teil völlig vom Autolärm überlagert.

Der Addo Elephant National Park hat daraufhin – als erster Nationalpark Südafrikas – Informationsschilder aufgestellt, welche die Besucher auf diese Problematik aufmerksam machen. Sie werden darauf gebeten, zumindest die Motoren abzustellen, wenn sie Elefanten oder andere Tiere beobachten. Was im Übrigen auch ein viel besseres Naturerlebnis mit sich bringt. Das war nur ein erster, aber wichtiger Schritt in Sachen Bewusstseinsbildung zum Thema Lärmverschmutzung und den Einfluss, den der von Menschen verursachte Lärm auf die Kommunikation der Tiere haben kann. Mit unserer Arbeit konnten wir im Interesse der Tiere argumentieren. Auch wenn es nur ein kleiner Beitrag ist – wie in diesem Fall –, freut es mich sehr, wenn unsere Forschung zum Wohl der Tiere Gehör und Anwendung findet.

## Schonender Artenschutz durch akustisches Überwachen

Die Bioakustik ist ein wichtiges und vor allem nichtinvasives Werkzeug im Natur- und Artenschutz. Wir müssen die Tiere dafür nicht einfangen, betäuben, um sie zu besendern, was mit Stress für sie verbunden ist. Wir belauschen sie nur.

In Zusammenarbeit mit Matthias Zeppelzauer, einem Computerspezialisten der Fachhochschule St. Pölten, beschäftige ich mich mit der Entwicklung eines akustischen Monitorings und Frühwarnsystems für Elefanten. Leider enden Begegnungen zwischen Menschen und Elefanten nicht immer friedlich. In Afrika und in Asien siedeln Menschen immer näher oder sogar direkt im Lebensraum der Tiere, wodurch Zusammentreffen vorprogrammiert sind. Oft gibt es an den Grenzen der Nationalparks bewohnte Regionen, in denen Kleinbauern ihre Landwirtschaft betreiben. Die Elefanten verlassen meist nachts den Wald, dringen in diese Felder ein und zerstören die wertvolle Ernte. Der Bauer steht dann vor dem Problem, dass er seine Familie nicht mehr ernähren kann.

Es ist nachvollziehbar, dass Bauern versuchen, die Elefanten zu vertreiben, um ihre Ernte zu schützen. Traurigerweise kommt es in diesem Zusammenhang nur zu oft zu Todesfällen auf beiden Seiten, Elefanten töten Menschen, Menschen töten Elefanten. Man schätzt, dass weltweit etwa dreihundert Menschen jährlich durch Elefanten zu Tode kommen.

Konflikte um Lebensraum und Ressourcen, aber auch Armut generell fördern wiederum die Bereitschaft zur Wilderei. Es ist daher für den Weiterbestand von Elefanten und vielen anderen Tieren notwendig, dass wir eine Koexistenz zwischen Mensch und Wildtier ermöglichen.

Für das akustische Elefanten-Frühwarnsystem, an dem wir gerade arbeiten, machen wir uns vor allem die tieffrequenten und weitreichenden Rumbles zunutze, die ja durchaus – abhängig von den Bedingungen – über mehrere Kilometer detektierbar sind. Die Theorie ist, dass unser System automatisch einen Elefantenlaut detektiert, als solchen erkennt – sprich ihn von all dem eintreffenden Umgebungslärm filtert – und dann markiert und anzeigt, beziehungsweise Alarm schlägt, dass sich Elefanten in der Gegend aufhalten. Die Menschen wären frühzeitig gewarnt, bevor sich die grauen Riesen auf dem Feld oder im Dorf befinden, und es könnten frühzeitig Abwehrmaßnahmen getroffen werden, um die Tiere wieder zu vertreiben.

Solche Systeme könnte man auch zum Monitoring einsetzten, um zu überwachen, wann und wo Elefanten bestimmte Wanderrouten verwenden, und man könnte abschätzen, wie viele Tiere sich in der Region befinden. Es ist nämlich möglich, aufgrund der detektierten Laute die Gruppengröße und die Altersstruktur der Elefanten abzuschätzen. Dies wäre besonders für Asiatische Elefanten und für Afrikanische Waldelefanten hilfreich. Gerade in Gebieten, in denen sich diese Arten aufhalten, ist das Überwachen der Populationen und das Zählen der Tiere per Flugzeug aufgrund der oft dichten Vegetation nicht möglich.

Der Prototyp für das Elefanten-Frühwarnsystem wäre bereit, aber es fehlt an Zeit und Geld: Es bräuchte die Mittel, um das Gerät im Feld zu testen und regional anzupassen. Denn ein Frühwarnsystem muss zuverlässig sein, sonst wird es sich nicht bewähren.

In Addo kommt dazu noch ein weiteres Problem auf uns zu: Die Regierung Südafrikas plant nur fünf Kilometer entfernt vom Nationalpark einen großen Windpark mit zweiundvierzig Turbinen, die hundertfünfzig Meter hoch sind. Windräder produzieren intensive Geräusche im Infraschallbereich. Unsere Sorge wie auch jene des Parkmanagements ist, dass dieser Infraschall, der von Windrädern dieser Größe erwiesenermaßen bis zu zwanzig Kilometer weit trägt, die Kommunikation und unter Umständen auch das Wohlbefinden der Tiere beeinträchtigt.

Auch wenn die Energiegewinnung durch Windkraft eine nachhaltige Alternative zu fossilen Energieträgern darstellt, so überwiegt in der Nähe eines Nationalparks doch der negative Einfluss. Forschung ist hier dringend nötig, denn Infraschall wird von vielen Tieren wahrgenommen. Das gilt übrigens nicht nur für die Tierwelt in Südafrika, sondern auch für die Fauna in Ländern wie Österreich und Deutschland, wo in einigen Regionen ebenfalls sehr stark auf Windkraft gesetzt wird.

## Lärm und seine Folgen

Die akustische Umweltverschmutzung stellt in vielen Bereichen ein großes Problem für Tiere dar. Lärm führt je nach Art und Stärke bei Tieren zur Erhöhung der Aufmerksamkeit und der Herzfrequenz. Lärm kann aber auch zu Verhaltensänderungen führen, zu Gehörschäden, zu Flucht und Vertreibung. Und Lärm stört die Kommunikation innerhalb von Individuen einer Art, aber auch zwischen den Arten. In lauten Umgebungen reagieren Rotkardinale nicht auf Alarmrufe von Meisen. In ruhigeren Gebieten hingegen werden die Alarmrufe der Meisen von vielen verschiedenen Vogelarten genutzt.

Solche Lauschstrategien sind unter Säugetieren (selbst bei Elefanten) und Reptilien ebenso verbreitet wie unter Singvögeln. Vögel, die bei Lärm nicht in ruhigere Gebiete ausweichen konnten, haben eine energieaufwendige Strategie entwickelt: Sie singen immer lauter. Eine Studie zeigte, dass Singvögel in Berlin ihre Lieder mittlerweile bis zu vierzehn Dezibel lauter singen als ihre Verwandten in den umliegenden Wäldern. Das bedeutet eine große Belastung für den kleinen Vogelkörper und einen hohen Energieverbrauch.

Bei Fröschen löst Straßenlärm eine messbare Veränderung der Stresshormone aus und kann ihr Immunsystem schwächen. Solche Effekte könnten auch erklären, warum in lärmverschmutzten Gebieten oftmals Populationen wildlebender Vögel und anderer Tiere schrumpfen oder ganz verschwinden, denn Studien belegen ganz eindeutig, dass Lärm Verhaltensmuster stört, die für das Überleben von großer Bedeutung sind.

Tiere haben eine andere Wahrnehmung als wir. Etwas, das wir Menschen als nicht störend empfinden, kann für Tiere sehr wohl ein Problem darstellen – das gilt für die Art des Lärms, für die Lautstärke und auch für den Frequenzbereich. Die akustische Komponente muss bei Bauprojekten von Straßen, Gebäuden, Windanlagen, bei der Entwicklung von Autos und Maschinen, bei Aktivitäten (Bohrungen, Gewinnung von Rohstoffen, Fabrikanlagen) genauso berücksichtigt werden wie andere umweltrelevante Aspekte. Auch für

Rotkardinale reagieren normalerweise auf Alarmrufe der Meisen – nicht aber in lauten Umgebungen

uns Menschen ist Lärm schädlich – also versuchen wir doch, ihn zu reduzieren, zu unser aller Wohl.

## Von der Partnersuche bis zur Orientierung: Kommuniziert wird immer

Kommunikation ist ein essenzieller Bestandteil des Verhaltens, nicht nur bei uns Menschen, sondern auch – wie ich hoffentlich in diesem Buch zeigen konnte – bei Tieren, von der Maus bis zum Elefanten. Akustische Signale spielen in so gut wie jedem Lebensbereich eine Rolle: wenn es darum geht, einen Partner zu finden und sich fortzupflanzen, bei der Aufzucht der Jungen, bei der Orientierung im Raum, bei der Jagd, beim Vermeiden, selbst gejagt zu werden, und selbstverständlich in allen Bereichen des sozialen Lebens. Das trifft auf uns Menschen genauso wie auf die meisten anderen Wirbeltiere zu.

In Anbetracht dessen verwundert es, wie wenig wir bisher tatsächlich über die Sprachen der Tiere wissen. Bis vor Kurzem wussten wir nicht, dass Mäuseriche versuchen, ihre Weibchen mit einem Gesang anzulocken, und wir wussten auch nicht, wie Elefanten ihre hochfrequenten Quietschlaute erzeugen. Erst kürzlich haben wir einen neuen Giraffenlaut „entdeckt", dessen Funktion wir aber noch nicht verstehen, und wir haben bis heute noch keinen Einblick, welche Rolle die komplexe Lautaktivität der extrem gefährdeten Geparde bei der Paarung spielt.

Wir Menschen waren am Mond, wir bekommen Tonaufnahmen vom Mars, aber wir kennen die

Bandbreite der Akustik, die zur Kommunikation unter Lebewesen auf dieser Erde verwendet wird, noch längst nicht – von einer „Entschlüsselung der Tiersprachen" ganz zu schweigen. Gleichzeitig wird es immer lauter, wir erzeugen Schall und Lärm, ohne zu wissen, ohne zu bedenken, wie es die Lebewesen auf dieser Erde beeinflusst oder schädigt. Wenn wir unsere Artenvielfalt und Biodiversität erhalten wollen, müssen wir verstehen, was Tiere brauchen, um zu überleben, in allen Bereichen ihres Lebens. Wir brauchen dieses Wissen, damit wir Menschen uns gezielt einschränken oder, besser gesagt, anpassen können. Denn wir können nicht erwarten, dass Tiere sich uneingeschränkt uns und unseren Eingriffen in ihren Lebensraum anpassen.

## Die Hoffnung auf ein Umdenken

Tatsächlich gibt es aber Grund zur Hoffnung, denn langsam kommt es zu einem Umdenken. Erst im Mai 2021 hat Großbritannien in einer Gesetzesänderung verankert, dass Tiere sich ihrer Gefühle und Emotionen bewusst sind und Freude und Vergnügen sowie Leiden und Schmerz empfinden. Weitere Gesetzesentwürfe verbieten unter anderem den Import von Jagdtrophäen oder den Export von lebenden Tieren. Neuseeland will ab 2023 Lebendtiertransporte per Schiff gänzlich verbieten.

Meine Verantwortung als Verhaltensforscherin sehe ich darin, meine Forschungserbnisse so schnell wie möglich im Natur- und Artenschutz anwendbar zu machen. Das bedeutet auch: Wir müssen diese Erkenntnisse weiterverbreiten, damit jedes Kind erkennt, wie faszinierend Tiere sind – von der Ameise bis zum Wal – und wie wichtig es ist, sie zu schützen. Der senegalesische Forstingenieur Baba Dioum fand für dieses Phänomen auf einer Umweltschutzkonferenz 1968 die richtigen Worte: „In the end, we will conserve only what we love; we will love only what we understand; and we will understand only what we are taught.“ Wenn wir uns also darüber bewusst sind, dass wir schlussendlich nur das bewahren werden, was wir lieben; nur das lieben, was wir verstehen; und nur das verstehen, was man uns lehrt, können wir erkennen, wie groß unsere Verantwortung ist.

Lassen Sie doch einmal die Krähen, die über Ihnen fliegen, Ihre Lehrer sein. Ein Paar, das sich vielleicht zusammenruft oder – noch besser – einen Disput miteinander austrägt. Versuchen Sie, das Ruf-Antwort-Muster der Tiere zu entschlüsseln oder einzelne Laute, teilweise sind es nur Nuancen im Ton, voneinander zu unterscheiden. Sie werden über die Art der Kommunikation und deren Komplexität erstaunt sein. Nehmen Sie sich Zeit, gehen Sie aufmerksam durch den Wald, setzen Sie sich auf die Wiese im Garten oder

Lassen wir doch einmal die Tiere in unserer Umgebung, zum Beispiel die Krähen, die über uns fliegen, unsere Lehrer sein!

Park und lauschen Sie: Hören Sie sie schon, die Meise mit ihrem „Zi-zi-beh“, die brummende Hummel? Und, umgekehrt: Hören diese Tiere uns?

Die Welt so wahrzunehmen, wie Tiere es tun, könnte eines Tages unseren Blick auf unsere tierischen Artgenossen für immer verändern, davon bin ich überzeugt. Lassen Sie sich auf die faszinierende Welt der Tiersprachen ein, hören Sie hin, hören Sie zu, und lernen Sie zu verstehen, dass wir Menschen nicht die Einzigen auf dieser Welt sind, die etwas zu sagen haben.

# DANK

Ich möchte mich bei allen bedanken, die mich bis jetzt auf meinem Weg unterstützt und begleitet haben, allen voran bei meiner Familie, meinen akademischen Wegbegleiterinnen und Wegbegleitern, Kollegen und Kolleginnen, Mentoren und Mentorinnen, wobei oftmals auch eine besondere Freundschaft entstanden ist. Einen herzlichen Dank auch allen Kolleginnen und Kollegen, die für dieses Buch Lautbeispiele ihrer Forschung zur Verfügung gestellt haben.

# LITERATUR

Arnold K., Zuberbühler K. 2008: Meaningful call combinations in a non-human primate. Current Biology, 18, 202–203.

Arriaga G., Zhou E.P., Jarvis E.D. 2012: Of mice, birds, and men: the mouse ultrasonic song system has some features similar to humans and song-learning birds. PLoS ONE 7, e46610.

Baotic A., Sicks F., Stöger A.S. 2015: Nocturnal „humming" vocalizations: adding a piece to the puzzle of giraffe vocal communication. BMC Research Notes, 8, 425.

Baotic A, Stöger A.S., Desheng L., Tang C., Charlton B.D. 2013: The vocal repertoire of infant giant pandas (Ailuropoda melanoleuca). Bioacoustics, DOI:10.1080/09524622.2013.798744.

Charlton B.D., Frey R., McKinnon A.J., Fritsch G., Fitch W.T., Reby D. 2013: Koalas use a novel vocal organ to produce unusually low-pitched mating calls. Current Biology, 23, 1035–1036.

Charlton B.D., Martin-Wintle M.S., Owen M.A., Zhang H., Swaisgood R.R. 2018: Vocal behaviour predicts mating success in giant pandas. Royal Society Open Science, 5181323181323.

De Waal F. 2017: Are We Smart Enough to Know How Smart Animals Are? New York: Norton & Company.

**Filippi P., Congdon J.V., Hoang J., Bowling D.L., Reber S.A., Pašukonis A., Hoeschele M., Ocklenburg S., de Boer B., Sturdy C.B., Newen A., Güntürkun O. 2017:** Humans recognize emotional arousal in vocalizations across all classes of terrestrial vertebrates: evidence for acoustic universals, Proceedins of the Royal Society B, 284, 20170990.

**Fitch W.T. 2000:** The phonetic potential of nonhuman vocal tracts: Comparative cineradiographic observations of vocalizing animals. Phonetica 57, 205–218.

**Fitch W.T., de Boer B., Mathur N., Ghazanfar A.A. 2016:** Monkey vocal tracts are speech-ready. Science Advances, 2, e1600723.

**Geberl C., Brinkløv S., Wiegrebe L., Surlykke A. 2015:** Fast sensory-motor reactions in echolocating bats to sudden changes during the final buzz and prey intercept. PNAS, 112, 4122–4127.

**Goerlitz H.R. 2018:** Akustische Tarnkappen und gespitzte Ohren. Jahrbuch der Max-Planck-Gesellschaft.

**Harris M.R., Siefferman L. 2014:** Interspecific Competition Influences Fitness Benefits of Assortative Mating for Territorial Aggression in Eastern Bluebirds (Sialia sialis). PloS One, doi.org/10.1371/journal.pone.0088668.

**Hauser M.D., Chomsky N., Fitch W.T. 2002:** The faculty of language: what is it, who has it, and how did it evolve? Science, 298, 1569–1579.

**Heinsohn R., Zdenek C.N., Cunningham R.B., Endler J.A., Langmore N.E. 2017:** Tool-assisted rhythmic drumming in palm cockatoos shared key elements of human instrumental music. Science Advances, 3, e1602399.

**Hobaiter C., Byrne R.W., Zuberbühler K. 2017:** Wild chimpanzees' use of single and combined vocal and gestural signals. Behavioral Ecology and Sociobiology, 71, 96.

**Jones G. 2005:** Echolocation. Current Biology, 15, 484–488.

**Kratochvil H. 1978:** Der Bau des Lautapparates vom Knurrenden Gurami (Trichopsis vittatus Cuvier & Valenciennes) (Anabantidae, Belontiidae). Zoomorphologie, 91, 91–99.

**Laporte M.N.C., Zuberbühler K. 2010:** Vocal greeting behaviour in wild chimpanzee females. Animal Behavior, 80, 467–473.

**Lee P.C., Moss C.J. 2012:** Wild female African elephants (Loxodonta africana) exhibit personality traits of leadership and social integration. Journal of Comparative Psychology, 126, 224–232.

**McComb K., Taylor A.T., Wilson C., Charlton B.D. 2009:** The cry embedded within the purr. Current Biology, 19, 507–508.

**McElligott A.G., O'Keeffe K.H., Green A.C. 2020:** Kangaroos display gazing and gaze alternations during an unsolvable problem task. Biology letters, doi.org/10.1098/rsbl.2020.0607.

**Mogil J.S. 2019:** Mice are people too: Increasing evidence for cognitive, emotional and social capabilities in laboratory rodents. Canadian Psychology/Psychologie canadienne, 60, 14–20.

**Nagasawa M., Murai K., Mogi K., Kikusui T. 2011:** Dogs can discriminate human smiling faces from blank expressions. Animal Cognitio, 14, 525–533.

**Niimura Y., Matsui A., Touhara K. 2014:** Extreme expansion of the olfactory receptor gene repertoire in African elephants and evolutionary dynamics of orthologous gene groups in 13 placental mammals. Genome Research, doi:10.1101/gr.169532.113.

**Panksepp K. 2005:** Affective consciousness: Core emotional feelings in animals and humans, Consciousness and Cognition, 14, 30–80.

**Pasch B., Bolker B.M., Phelps S.M. 2013:** Interspecific Dominance Via Vocal Interactions Mediates Altitudinal Zonation in Neotropical Singing Mice. The American Naturalist, 182, 161–173.

**Payne K.B., Langbauer W.R., Thomas E.M. 1986:** Infrasonic calls of the Asian elephant (Elephas maximus). Behav Ecol Sociobiol, 18, 297–301.

**Pedersen C.A., Ascher J.A., Monroe Y.L., Prange Jr A.J. 1982:** Oxytocin induced maternal behavior in virgin female rats. Science, 216, 648–650.

**Puts D.A., Hill A.K., Bailey D.H., Walker R.S., Rendall D., Wheatley J.R., Welling L.L.M., Dawood K., Cárdenas R., Burriss R.P., Jablonski N.G., Shriver M.D., Weiss D., Lameira A.R., Apicella C.L., Owren M.J., Barelli C., Glenn M.E., Ramos-Fernandez G. 2016:** Sexual selection on male vocal fundamental frequency in humans and other anthropoids. Proceedings of the Royal Society B, 283, 2015.2830.

**Ringhofer M., Yamamoto S. 2017:** Domestic horses send signals to humans when they face with an unsolvable task. Animal Cognition, 20, 397–405.

**Stöger A.S., Baotic A., Heilmann G.:** Vocal creativity in elephant sound production (in Vorbereitung).

**Stöger A.S., Charlton B.D., Kratochvil H., Fitch W.T. 2011:** Vocal cues indicate level of arousal in infant African elephant roars. Journal of the Acoustic Society of America, 130, 1700–1710.

**Stöger A.S., Baotic A., Desheng L., Charlton B.D. 2012:** Acoustic features indicate arousal in infant giant panda vocalizations. Ethology, 118, 896–905.

**Van Dyke A. 2007:** The cheetahs of the Wildt. Second edition.

**Wright A. J., Soto N. A., Baldwin A.L., Bateson M., Beale C., Clark Ch. W., Deak T., Edwards E., Fernández A., Godinho A., Hatch L., Kakuschke A. et al. 2007:** Anthropogenic Noise as a Stressor in Animals: A Multidisciplinary Perspective. International Journal of Comparative Psychology, 20, 250–273.

**Zarin P.F., Machanda P., Schel A.N., Slocombe K.A. 2013:** Pant hoot chorusing and social bonds in male chimpanzees. Animal Behavior, 86, 189–196.

# BILD- UND TONQUELLEN

## Audionachweis

Anton Baotic: 117, 119
Benjamin Charlton: 48
Drahkrub (CC BY-SA 4.0): 90
Cathrine Hobaiter & Vesta Eleuteri: 127
Doug Hynes / yeno-canto.org (CC BY-SA 4.0): 168
Vincent Janik: 86
Helmut Kratochvil: 20
Nicolas Mathevon: 122
Karen McComb: 50
Tina Nagorzanski: 53
Katharina Prager: 124, 132
Angela Stöger: 39, 44, 45, 83, 97
Angela Stöger & Anton Baotic: 103
Peter Tyack: 18
Klaus Zuberbuehler: 128, 175

## Bildnachweis

Adobe Stock: 21 (Robert Beke)
Anton Baotic: 28
BirdNote: 169 (Christina Zdenek)
Gianmaria Gava: 52, 178
Getty Images: 15 (The Boston Globe)
Willfried Gredler-Oxenbauer / picturedesk.com: 59
imago images: 118 (Xinhua), 129 (Harald Lange)
iStock: Schutzumschlag, Vor und Nachsatz
jwvbfotografie: 113
spectrum.de: 139 (Tom Flower, University of Cambridge)
Angela Stöger: 79, 80, 134/135, 184
Simon Stöger: 160
Raphael Sühs: 187
Unsplash: 85 (Pablo Heimplatz), 105 (Zoë Reeve), 152 (Pieter van noorden), 173 (gang coo), 195 (Joshua J. Cotten), 199 (Amarnath Tade)

**Liebe Leserin, lieber Leser,**

hat Ihnen dieses Buch gefallen?
Wollen Sie weitere Informationen zum Thema?
Möchten Sie mit der Autorin in Kontakt treten?
Wir freuen uns auf Austausch und Anregung!

**leserbrief@brandstaetterverlag.com**

Brandstätter Verlag
Wickenburggasse 26, 1080 Wien
Telefonnummer: 0043 1 512 15 430

**Wir sagen Danke. Bleiben wir in Verbindung!**
**Lassen Sie sich inspirieren!**

**Gute Geschichten, schöne Geschenkideen auf**
**www.brandstaetterverlag.com**

**Teilen macht Freude!**
**#singendemäuse #diesprachedertiere #angelastöger**

---

**Wir tragen Verantwortung**

Dieses Buch wurde auf hochwertigem FSC®-zertifizierten Naturpapier gedruckt. Das Forest Stewardship Council® ist eine internationale Nicht-Regierungsorganisation, die weltweit eine umweltfreundliche, sozial gerechte und wirtschaftlich tragfähige Bewirtschaftung der Wälder fördert.
Die Druckerei ist FSC®-zertifiziert und bezieht ihre Energie zu 100 % aus umweltfreundlichen, erneuerbaren Quellen; regelmäßige Audits erfolgen im Bereich des Carbon-Footprint-Managements zur Reduktion des $CO_2$-Ausstoßes.
Diese international anerkannten, unabhängigen und regelmäßig überprüften Standards gewährleisten eine umweltgerechte, sozial verträgliche, nachhaltige und ökonomisch tragfähige Nutzung entlang der gesamten Wertschöpfungskette Holz, vom Baum bis zum Buch.

1. Auflage 2021


Designed in Austria, printed in the EU

ISBN: 978-3-7106-0530-7

Mitarbeit: Patricia McAllister-Käfer
Cover: Caroline Plank-Bachselten / Buero Plank
Satz: Burghard List
Lektorat: Teresa Profanter
Korrektorat: Joe Rabl
Projektleitung: Judith E. Innerhofer

FSC
www.fsc.org
MIX
Papier aus verantwortungsvollen Quellen
FSC® C014138